旗 標 事 業 群

好書能增進知識 提高學習效率 卓越的品質是旗標的信念與堅持

Flag Publishing

http://www.flag.com.tw

網頁程式設計
「超」入門

確かな力が身につく
JavaScript「超」入門

感謝您購買旗標書,
記得到旗標網站
www.flag.com.tw
更多的加值內容等著您…

<請下載 QR Code App 來掃描>

● FB 官方粉絲專頁:旗標知識講堂

● 旗標「線上購買」專區:您不用出門就可選購旗標書!

● 如您對本書內容有不明瞭或建議改進之處,請連上旗標網站,點選首頁的 聯絡我們 專區。

若需線上即時詢問問題,可點選旗標官方粉絲專頁留言詢問,小編客服隨時待命,盡速回覆。

若是寄信聯絡旗標客服emaill,我們收到您的訊息後,將由專業客服人員為您解答。

我們所提供的售後服務範圍僅限於書籍本身或內容表達不清楚的地方,至於軟硬體的問題,請直接連絡廠商。

學生團體　訂購專線:(02)2396-3257 轉 362
　　　　　傳真專線:(02)2321-2545

經銷商　　服務專線:(02)2396-3257 轉 331
　　　　　將派專人拜訪
　　　　　傳真專線:(02)2321-2545

國家圖書館出版品預行編目資料

JavaScript 網頁程式設計「超」入門 /
狩野 祐東著;陳禹豪 譯. -- 臺北市:
旗標, 2016.04　面;　公分

ISBN 978-986-312-345-3 (平裝附光碟片)

1. JavaScript (電腦程式語言) 2.網頁設計

312.32J36　　　　　　　　　　　105005767

作　　　者／狩野 祐東

翻譯著作人／旗標科技股份有限公司

發 行 所／旗標科技股份有限公司

　　　　　台北市杭州南路一段15-1號19樓

電　　　話／(02)2396-3257(代表號)

傳　　　真／(02)2321-2545

劃撥帳號／1332727-9

帳　　　戶／旗標科技股份有限公司

監　　　督／楊中雄

執行企劃／張根誠

執行編輯／張根誠

美術編輯／張家騰 ‧ 薛詩盈

封面設計／古鴻杰

校　　　對／張根誠

新台幣售價:490 元
西元 2021 年 4 月初版 6 刷
行政院新聞局核准登記-局版台業字第 4512 號
ISBN 978-986-312-345-3
版權所有‧翻印必究

作者序

手上拿著這本書的您, 應該對 JavaScript 感到興趣吧！

JavaScript 的功能大致上可分為 2 個部分。首先是能即時改寫 HTML 或 CSS 中的資料, 對使用者的操作做出回饋反應；另一方面, JavaScript 還具有 Ajax 的傳輸功能, 擔任瀏覽器和網站伺服器之間的資料傳遞工作, 不必重新讀取整個頁面、就能即時更新頁面內容。活用這 2 大功能, 便能替網頁設計豐富的效果。

對網頁前端設計師來說, JavaScript 絕對是不可或缺的技術, 它在未來只會更加重要, 十分具有學習價值。

本書的撰寫目的, 希望可以讓第1次接觸程式語言的初學者、非程式專職人員的網頁設計師、或網頁前端工程師等相關人員, 在愉快且腳踏實地的學習過程中, 理解到 JavaScript 的基礎知識。我們會特別著重在撰寫程式時的思維模式, 詳細說明如何安排程式的流程, 另外, 本書採用的範例都務求貼近實際情況, 筆者在這裡可以相當自豪地說, 這本書一定能讓您獲得未來工作上的基礎實力。

本書執筆時, 承蒙多方鼎力協助, 特別是爽快提供範例檔案所需照片的船着慎一先生, 以及堅持到最後一刻、為我仔細雕琢彙整書中的內容, SB Creative 出版社的新井あすか小姐和友保健太先生, 在這裡要獻上誠摯的謝意, 還要感謝妻子さやか幫忙設計範例、內容校正以及各方面的協助。

最後要非常感謝各位讀者的支持, 讀完本書並完成所有範例之後, 在程式的路上只能算是開端, 希望本書能為您們帶來幫助。

狩野佑東

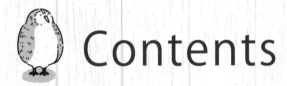

Contents

Chapter 3　JavaScript 的基本語法

Chapter 4 輸入與資料加工

Chapter 5 JavaScript 的應用技巧

Chapter 7　引用外部資料

Chapter 1

序章

　　正式開始練習撰寫 JavaScript 程式前, 先讓頭腦做些簡單的暖身操吧！在這個章節中, 將為您介紹 JavaScript 的特色、以及 JavaScript 應用於哪些地方。

　　另外, 也會介紹本書所附範例檔案的使用方法, 以便各位讀者實作練習。

1-1

歡迎進入 JavaScript 的世界

JavaScript 是用來控制網頁瀏覽器以及 HTML 網頁內容的程式語言, 您可能還不太懂 JavaScript, 但您一定使用過 JavaScript 的功能。

很多人每天都在使用的 Facebook、Google 地圖、Twitter 等網站, 幾乎可以說是「JavaScript 的集合體」, 網頁中使用了大量的 JavaScript 程式碼。除此之外, 一般 Web 網站常見的「下拉清單」、切換多張圖片的「幻燈片展示」功能、或是頁面上可以移動的區塊等效果, 也都運用了 JavaScript 技術。

▼ 在 Twitter 網站上往下捲動會不斷顯示新的內容, 就是使用 JavaScript 的效果

往下捲動會不斷讀取網頁內容

▼ 下拉清單也是透過 JavaScript 達成的功能

 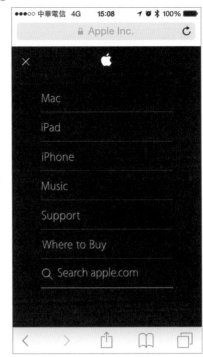

 ## JavaScript 並不可怕

　　説到撰寫網頁，似乎有不少人覺得 HTML 或 CSS 比較容易理解，不過 JavaScript 是在寫程式吧？感覺有點難…不可諱言，與 HTML 或 CSS 相比，JavaScript 的學習難度稍微高了一點。不過，JavaScript 是「低入門門檻」的程式語言，相當適合程式語言初學者學習。

 ## 誰適合閱讀本書？

　　本書推薦給下列的對象：

- 初次接觸 JavaScript、或者初次接觸程式語言的人。

- 曾經學習 JavaScript 卻不順遂的人。

另外，在閱讀本書之前，最好對 HTML 與 CSS 已經有一定程度的理解，因為 JavaScript 的主要用途在於操控網頁中的 HTML 與 CSS。因此，在撰寫 JavaScript 程式、或是運用現成的程式碼時，基本的 HTML 與 CSS 知識都是不可或缺的。

 ## 需要準備的工具

撰寫 JavaScript 程式的時候，不需要準備什麼特殊的開發環境，只要有 1 台安裝 Windows 或 Mac 作業系統的電腦，利用內建的網頁瀏覽器與文字編輯軟體，立即可以開始撰寫 JavaScript 程式。

 ## 本書的目標

下個小節就要進入正題了，在此之前，希望能與各位讀者訂下明確的學習目標，本書期望可以讓您：

- 讀懂以 JavaScript 寫成的程式碼。

- 能對既有的程式做些修改，撰寫出新的程式。

- 必要的時候能自己從零開始寫出完整的程式。

此外，本書各章的範例，在設計上以讓讀者充份理解程式的語法及思維為主要目標，因此不會設計的太複雜。所謂「欲速則不達」，請務必跟著本書的內容，循序漸進地學習 JavaScript 的基本語法，充分理解撰寫程式的思路，日後才能將技術活用於各種網頁的設計。

1-2

JavaScript 的用途

簡單地說, JavaScript 是用來操控網頁瀏覽器的程式語言, 透過它可以做出 HTML 與 CSS 無法達成的效果。

 何謂「操控網頁瀏覽器」?

JavaScript 能在常見的瀏覽器上執行, 例如 Chrome、Firefox、Internet Explorer (以下簡稱 IE)/Edge 以及 Safari 等。在網頁中以 JavaScript 撰寫程式, 瀏覽器便會按照指令完成想要的效果。

請試著回想一下網頁瀏覽器的功能:

網頁瀏覽器最重要的任務當然是呈現網頁內容, 網頁內容主要是由 HTML 及 CSS 構成, HTML 負責記錄頁面的內容, 也就是頁面中的文字以及圖片等等;而 CSS 則提供了 HTML 的樣式資訊, 決定版面的配置與設計等視覺效果。

▼ HTML 記載著內文資料, 而 CSS 為其提供外觀樣式

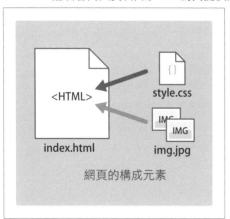

網頁的構成元素

當瀏覽器讀取網頁，呈現在螢幕之後，只要使用者沒有開啟其他頁面，瀏覽器便會一直維持在相同的畫面。

若是運用了 JavaScript 的技術，不用讀取頁面，就能改寫原本的 HTML 與 CSS，並即時呈現在畫面上，例如在搜尋欄位輸入關鍵字後，點選「搜尋」鈕就可以即時顯示結果。

▼ 按下 [搜尋] 鈕後可以改寫網頁內容

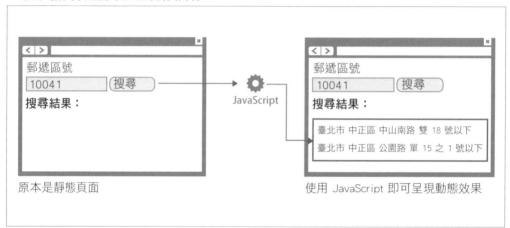

改寫網頁內容的實例

再來看一下其他改寫網頁內容的例子吧！JavaScript 修改網頁內容 (HTML 與 CSS)，大致上可分為 4 種形式。

● 形式 1：改寫標籤範圍內的文字內容

如同次頁上圖所示，JavaScript 能置換掉 HTML 標籤所包圍的文字。

▼ 以 JavaScript 改寫<p>標籤內的文字

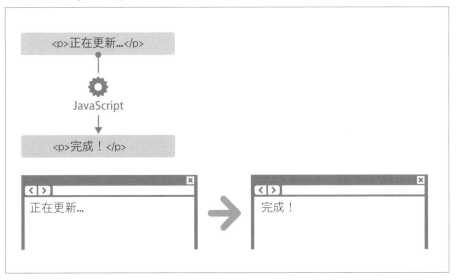

● 形式 2：新增、刪除元素

JavaScript 可以在某個 HTML 元素中增加新的元素, 或刪除原本存在的某個元素, 舉例來說, 在項目清單的<ul>標籤中可以增加其他新的<li>標籤, 也能移除掉原本既有的某個<il>標籤。

▼ 利用 JavaScript 新增<il>標籤

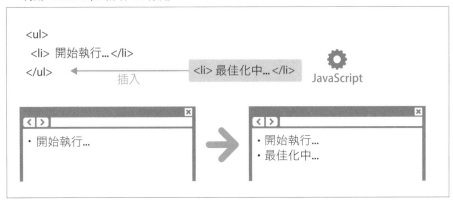

● 形式 3：改變標籤屬性的數值

HTML 標籤內含有 class、id、href 以及 src 屬性等各式各樣的屬性, 而 JavaScript 能改變這些屬性的數值。

▼ 使用 JavaScript 改變 src 屬性（圖片來源）的值

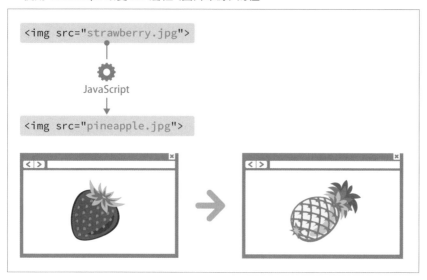

● 形式 4：改變 CSS 的值

到此為止所提及的 3 個形式，都是針對 HTML 的操作，而 JavaScript 也能改寫 CSS 的數值。

針對 CSS，JavaScript 可以改變文字的顏色或背景的圖片等視覺效果。

▼ 透過 JavaScript 更改<body>標籤的背景顏色

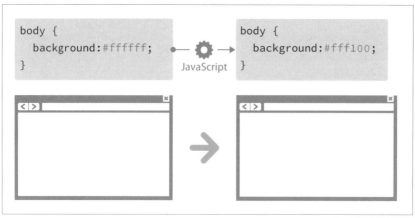

用上述 4 種形式對 HTML 或 CSS 進行改寫時，變更後的狀態都能即時呈現在瀏覽器上，，不需要重新讀取整個頁面，除了可以減少使用者等待的時間，也能跳脫原本的「靜態頁面」，製作出具有動態效果的網頁。

輸出、輸入的用途

除了前面介紹的外，JavaScript 的功能還有很多，以下再為您介紹幾個例子。

瀏覽網站的過程中，有時候畫面上會跳出小小的視窗，稱為「對話框（Dialog Box）」，而對話框的顯示時機就是由 JavaScript 所控制的。

▼ 彈出對話框

不論是前面改寫 HTML 與 CSS、或是這裡的呼叫對話框，在 JavaScript 的使用上，都屬於將某些資訊「輸出（Output）」到網頁上。

相對於輸出處理，JavaScript 也能從 HTML 獲得資訊，舉例來說，使用 JavaScript 可以讀取使用者在 <form> 表單中所輸入的內容，這樣從網頁取得資訊則是「輸入（Input）」的處理。

▼ 讀取使用者輸入的內容

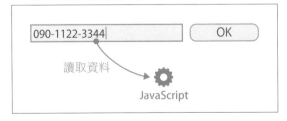

JavaScript 可用於「輸出」、「輸入」的這 2 項用途非常重要，請一定要牢記心中。我們在下一節「JavaScript 的運作機制」還會針對輸出、輸入做進一步的解說。

請至少記住這些！HTML 與 CSS 的基礎用語

JavaScript 與 HTML、CSS 的關係相當密切，因此，若想寫好 JavaScript 的程式，就必須確實掌握 HTML 及 CSS 的結構。

在這個小單元中，對於本書之後會頻繁出現的 HTML 標籤以及 CSS 的各種名稱，先為您做個整理。

● HTML 標籤的格式

在 HTML 中，對於文字與圖片等內容，是以標籤的方式呈現。而標籤有非常多的種類，會根據內容的形式而使用不同的標籤，以下的說明對於學習 JavaScript 來說是非常重要的基本功能，請複習一下標籤各部分的名稱與功能吧。

▼ HTML 標籤的格式

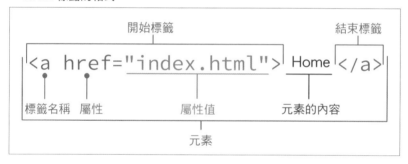

< 和 > 符號所包圍起來的部分即為「標籤」，大部分的標籤會以開始標籤以及結束標籤圍住內容，組成 1 個完整的元素。只提到「標籤」的時候，通常指成對的開始標籤與結束標籤、而不含中間包夾的內容，若要加上其中包含的內容，則會以「元素」稱之。

另外，開始標籤內含的「屬性」與「屬性值」的功用，在於替標籤添加額外的附加資訊，撰寫 JavaScript 程式時，也經常會改變標籤的屬性值。

● 空元素

在眾多 HTML 的標籤中, 有些沒有結束標籤的部分, 這樣的標籤被稱為「空元素（Void Elements）」, 例如 <img> 和 <input> 均屬此類。

在 XHTML 1.0 的規範中, 空元素結尾的「>」符號前面必須添加斜線（/）符號, 而 HTML5 的格式則不需要, 本書將採用省略斜線的格式。

▼ HTML5 中, 空元素結尾的「>」前面不必添加斜線（/）

```
XHTML1.0
<img src="image.png" />
                          └── 在 HTML5 不需要
HTML5
<img src="image.png">
```

● 元素與元素間的關係

HTML 文件由多個元素所構成, 有時候某個元素內會包含其他元素, 讓元素之間產生階層狀的構造, 以下將介紹元素與元素之間階層關係的用語。

· 父元素與子元素

以某個元素當作起始點, 圍住它、且比它高 1 個階層的元素稱為「父元素」, 而它所圍住、低 1 個階層的則稱為「子元素」。

▼ 父元素、子元素的關係

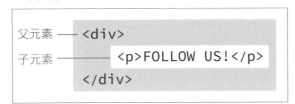

父元素 ── `<div>`
子元素 ── `<p>FOLLOW US!</p>`
`</div>`

· 祖先元素與子孫元素

從某個元素的位置來看, 圍住它、且比它高數個階層的元素稱為「祖先元素」, 而它所圍住、低數個階層的稱為「子孫元素」。

▼ 祖先元素、子孫元素的關係

・兄弟元素

當多個元素擁有相同的父元素，這些元素被稱為「兄弟元素」，在兄弟元素中，排列在前的稱為「兄元素」，其後的元素則稱為「弟元素」。

▼ 兄弟元素、兄元素、弟元素的關係

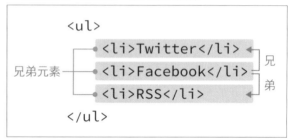

　實際運用 JavaScript 改寫 HTML/CSS 時, 需要清楚知道元素間的階層關係, 例如在滑鼠點擊某個 <a> 元素時, 自動改寫其父元素的 CSS 數值, 藉以改變背景顏色, 想達成這樣的效果, 能否掌握 HTML 的階層關係就非常重要, 請別忘了這些用語。

● CSS 的格式

　　與 HTML 相較之下, CSS 的格式比較簡單, 需要牢記的用語也比較少, 而使用 JavaScript 操控 CSS 時, 也幾乎僅止於改變屬性的數值, 在學習 JavaScript 上, 只需知道選擇器、屬性與屬性值等詞彙即可。

▼ CSS 的格式與各部份名稱

```
選擇器 ─● p {
              background-color: #0000FF;
        }              屬性         值（屬性值）
```

JavaScript 的運作機制

 請試著思考一下～「輸入→加工→輸出」

想要讓程式做某些事情時，不要一下子就想程式碼該怎麼寫，先思考一下程式運作的過程吧，以購物網站的結帳頁面為例，假設想在使用者改變數量的時候，讓小計金額也跟著自動變動，該如何做呢？

▼ 結帳頁面的範例

首先程式必須知道商品的單價，也就是取得單價欄位中的金額數字（這裡請先忽略幣別符號與逗號等符號），而商品的數量則是下拉選單的形式，可以由目前選定項目的對應值來取得。

▼ 取得單價與數量

取得商品單價與數量後, 將 2 個數字相乘算出金額, 也就是小計。

▼ 計算小計金額

計算之後, 以新的數字替換掉原本的小計金額, 即完成整個流程。

▼ 以計算結果改寫小計金額

彙整一下整個運作過程, 可以分成下列 4 項步驟:

1. 從 HTML 中取得商品的**單價**

2. 從下拉選單中取得目前選定的**數量**

3. 計算**單價×數量**的小計金額

4. 以計算結果改寫 HTML 中的舊金額

當中的步驟 1 與 2 屬於「取得」步驟, 其目的是為了重新計算小計金額, 在整個程式運作的過程中, 這 2 個步驟可以說是「輸入 (Input)」階段。

接下來的步驟 3 以乘法運算前面取得的數據資料, 像這樣對輸入的數值進行處理, 屬於「加工」的階段。

在最後的步驟 4 中, 由於需要將計算結果呈現在網頁上, 對 HTML 進行改寫的動作, 此為「輸出 (Output)」的階段。

這樣「輸入→加工→輸出」的流程，幾乎是所有 JavaScript 程式的共通處理過程，此模式是寫程式的重要準則。

▼ 程式的處理流程

認識「事件」（何時開始執行）

如同前面的說明，「輸入→加工→輸出」的流程是大部分程式的基本處理程序。

那麼，何時開始執行這樣的處理程序呢？

在這個結帳頁面的例子中，應該是「商品數量被變更的時間點」吧！以數量被變更的時間點當作程序發動的時機，無論使用者變更了多少次數量，都能立即計算對應的小計金額並呈現在瀏覽器視窗上。

而決定處理程序發動的時間點，在 JavaScript 中被稱為「**事件（Event）**」。

▼ 程式開始執行的時間點（「事件」）

在「輸入→加工→輸出」的流程前面加上「事件」，才是 JavaScript 程式完整的全貌，以 JavaScript 撰寫程式的時候，幾乎都需要按照輸入、加工、輸出以及事件等 4 個階段，撰寫相對應的處理方式。實際動手撰寫程式碼前，腦中應該先想好如何安排此 4 個階段，這是非常重要的前置工作。

1-4 各章簡介

　本書是以實作為主的書籍，讓各位在跟著範例動手撰寫的過程中學習 JavaScript。

　由於編排上會從最常使用的功能與語法開始說明，因此，對於第 1 次接觸 JavaScript、完全不懂其它程式語言的人來說，建議依本書先後順序逐一練習各章節的範例，而對於稍有撰寫程式經驗的人來說，則可以視自身狀況，挑選想加強的部分跟著範例練習。

　不過，在依序練習的過程中，不必強求自己一定要完全理解每個範例之後，才推進到下個範例，因為學習程式語言的時候，維持步調是非常重要的事情，而且總會遇到某些部分一時想不透的狀況，如果對某個範例無法完全理解，不妨暫時放下、繼續前進，隨著實作經驗的累積，對於先前看不懂的程式內容，「啊！原來那個是這樣的意思啊」忽然開竅的狀況也相當常見。

 ## 第 1 章

　本書的入門介紹。目的在協助各位讀者順利進入後面的實作練習，解說 JavaScript 程式的大致輪廓。

 ## 第 2 章

　在這個章節中，為了讓您能寫出完整的 JavaScript 程式，將說明程式碼格式的規則、以及 JavaScript 的輸出方式。JavaScript 程式的輸出方式，大致上分為**將文字輸出至主控台**、**呈現於對話框上**、以及**改寫 HTML 或 CSS** 等 3 種，請逐一試著練習其用法，因為後面所有的範例都會運用到這些輸出方式，此章節是相當重要的基本知識。

▼ 在 2-3 節會實作的「顯示對話框」

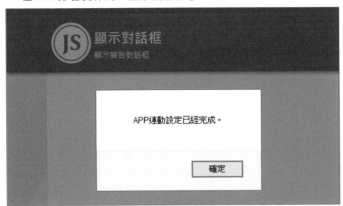

 第 3 章

　既然 JavaScript 被稱為程式 "語言"，當然有其專屬的語法，想要寫出 JavaScript
程式，好好熟悉 JavaScript 的語法是不可或缺的步驟。這個章節會從依照狀況改變
後續動作的**判斷句**、以及重複執行相同處理的**程式迴圈**等基礎知識開始介紹。

▼ 在 3-10 節會實作的「以清單形式呈現條列項目」

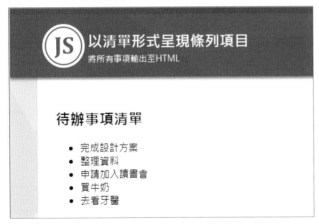

 第 4 章

　在撰寫程式時，除了「輸出」之外，「輸入」（取得來源資料）也是不可或缺
的。到了這個章節，將聚焦於獲得資料的各種輸入方法，例如讀取表單中輸入的數
值、查詢日期時間，再對這些資料進行「加工」。

▼ 在 4-1 節會實作的「取得表單輸入的內容」

 第 5 章

　在這個章節中，將組合運用第 2～4 章中的內容，撰寫出功能更多樣化的 JavaScript 程式。此外，也會加入 URL 以及 Cookie 的主題，是與前面章節較不同的輸入／輸出處理技巧。

▼ 在 5-5 節會實作的「幻燈片展示」

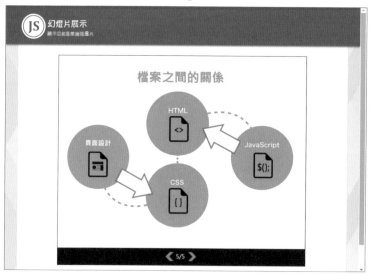

 第 6 章

　取得使用者在表單中輸入的內容、或改寫 HTML 和 CSS 等輸出／輸入相關的處理，幾乎在所有 JavaScript 程式中都會使用到。因此，有人匯集了經常使用的輸出／輸入程式碼，開發出便利實用的「JavaScript 函式庫」。我們在本章要介紹被許多 Web 網站所採用的 jQuery。真的！如果沒有好好活用 jQuery 實在是一大損失。

▼ 在 6-3 節會實作的「確認剩餘空位的狀況」

 第 7 章

　之前所學習到的知識將在此全員出動，挑戰更加貼近實務的應用案例。此外還會試著使用 Ajax 取得外部資料，製作出豐富多變的網站，如果練習的過程中覺得有些難度，請多花些時間，多嘗試幾次看看吧！

▼ 在 7-2 節會實作的「試著使用 Web API」

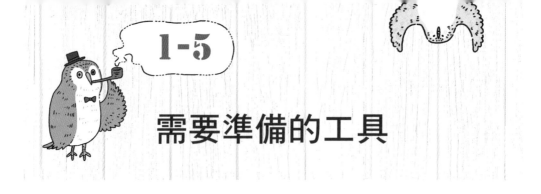

需要準備的工具

撰寫 JavaScript 程式碼時，需要的工具僅有網頁瀏覽器（Browser）以及文字編輯器（Editor）而已，不必另外安裝軟體。不過，某些文字編輯器所提供的輔助功能，可以增進撰寫程式的效率，因此建議您最好準備個順手好用的文字編輯器，以下將推薦幾款網頁瀏覽器與文字編輯器，請視需求自行下載、安裝。

網頁瀏覽器

只要是目前主流的瀏覽器（Chrome、Firefox、IE/Edge、Safari 等），使用上其實都不會有太大差別，不過，建議最好將您所使用的瀏覽器更新至最新版本。

此外，作業系統不論是 Windows 或 Mac 都可以。

文字編輯器

雖然使用作業系統內建的**記事本**（Windows）或**文字編輯**程式（Mac）就能撰寫 JavaScript，不過還是建議您準備個功能更加齊全的文字編輯器，如具備了程式碼的顏色區分（Syntax Highlight）功能，提供了候選程式碼提示（Code Hint）的功能，使用這樣的編輯器會更加方便。

▼ 顏色區分功能

▼ 候選程式碼提示功能

推薦的文字編輯器

● Bracket（Windows/Mac）- **免費**

由 Adobe 所推出的文字編輯器，具備即時預覽（Live Preview）的功能，在編輯 JavaScript 程式碼的過程中，瀏覽器也會即時顯示變更後的畫面，是初學者也能簡單使用、功能強大的文字編輯器。

URL http://brackets.io/

● Sublime Text（Windows/Mac）- **需付費**

也相當受到網站開發人員歡迎，可以使用外掛（Plug-in）來擴充功能。雖然能稱職地輔助初學者撰寫 HTML/CSS/JavaScript，不過中文的資源較少，使用上可能會較為辛苦。

URL http://www.sublimetext.com/ ＊台灣有愛好者設置線上說明網站 http://docs.sublimetext.tw/。

● Adobe Dreamweaver（Windows/Mac）- **需付費**

非常著名的 Web 網站開發環境，具備了網站管理、即時預覽等豐富多樣的功能。

URL http://www.adobe.com/products/dreamweaver.html

除了上述以外，Notepad++或 Eclipse 系列也是相當好用的文字編輯器。

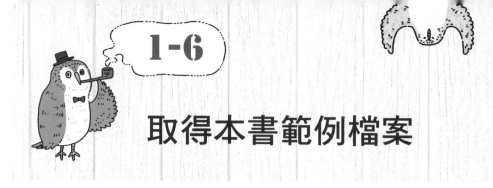

1-6 取得本書範例檔案

　　繼續往下閱讀之前，請先取得本書的範例檔案，在本書所附的光碟中即可找到，請將 book-js.zip 檔案解壓縮，儲存到您偏好的資料夾中。

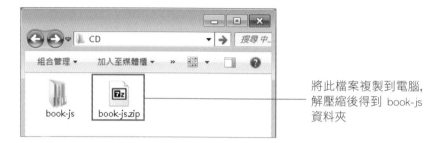

將此檔案複製到電腦，
解壓縮後得到 book-js
資料夾

　　將 ZIP 檔案解壓縮之後，可以得到名為「book-js」的資料夾，其中的資料夾與檔案架構如下圖所示，在這個「book-js」資料夾裡面，儲存了各小節範例的完成檔，而「practice」資料夾下的檔案，則是提供各位讀者實際動手練習用的樣板 HTML 檔，請參閱本章「實作樣板檔的使用方式」（p.1-29）。

▼ 範例資料夾的架構

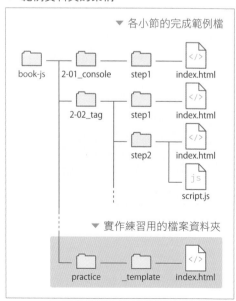

務必動手寫寫看

　　想要成為寫程式的高手，最重要的就是實際動手寫寫看。對於本書附的的範例檔案，請不要只開啟範例檔來瀏覽，建議可以先完全照著範例程式碼輸入，至少試著照著寫過 1 遍，唯有自己親手撰寫才能累積功力，逐漸掌握 HTML 和 JavaScript 之間的關係，理解該段程式到底做了哪些事情。

　　稍微上手之後，可以再嘗試一下各小節的＜**成為達人的重點**＞單元，按照其中敘述的內容，稍微修改一下已經完成的範例檔案，挑戰更進一步的技巧。

▼ 「成為達人的重點」單元 (以下為範例)

alert 方法的參數內也可以填入計算式

與 Console.log 方法相同，如果在 alert 方法的()括弧內填入計算式，即可直接顯示計算的結果，請試著將程式內的參數改成計算式吧！

 好不容易寫完程式卻不會動...

　　如果試著把程式寫完了，它卻沒有如同書上介紹一樣正常運作，這個時候，請先仔細和光碟所附的完成範例檔案比較一下。程式碼當中使用很多英數字的標記以及語法，常常會有輸入錯誤的狀況發生，不僅是初學者，連經驗豐富的程式設計師都可能打錯字，而且，還不容易立即找到錯誤。除錯時請不要著急，比對程式碼需要相當大的耐心，若是覺得灰心氣餒想放棄...，或許可以先跳到下個範例。小心檢查式碼，找不到錯誤也不要太在意，這些都是學習程式的重要心法。

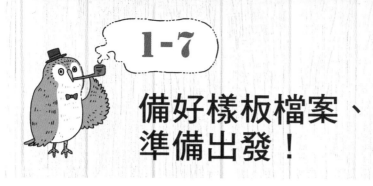

1-7

備好樣板檔案、準備出發！

在製作網頁的過程中，編寫 HTML 與 CSS 程式是不可或缺的步驟，有時候甚至需要另外準備圖片檔。然而願意透過本書學習 JavaScript 的您，應該更希望將精力盡量集中在 JavaScript 上，而不是 HTML、CSS 以及圖片等檔案吧。

因此，為了讓您不用另外編寫這些與 JavaScript 沒有直接關係的檔案，本書已經預先準備了實作練習用的樣板檔。

 一覽實作用的樣板檔案

實作練習用的 HTML 樣板檔案，已經包含於先前取得的範例資料夾中，其存放位置在「practice/_template」資料夾下，另外，樣板檔所需的 CSS 檔以及圖片檔等檔案，則存放於「_common」資料夾下。

實作樣板檔的 index.html 以及 style.css 內容如下所示。

● **實作樣板檔的 HTML 檔案**

本書所有的實作練習均使用相同的基本 HTML 檔，其內容如同下面所列的程式碼，實際動手練習的時候，請從此檔案開始撰寫，在其中增加 HTML 標籤或 JavaScript 程式等內容。

↓ practice/_template/index.html　HTML

```
01  <!doctype html>
02  <html>
03  <head>
04  <meta charset="UTF-8">
05  <meta name="viewport" content="width=device-width,initial-scale=1">  ─┐─★
06  <meta http-equiv="x-ua-compatible" content="IE=edge">
07  <title>template</title>                                    * 此段用途見 1-28 頁
08  <link href="../../_common/css/style.css" rel="stylesheet" type="text/css">
09  </head>
```

```
10  <body>
11  <header>
12  <div class="header-contents">
13  <h1>標題</h1>
14  <h2>子標題</h2>
15  </div><!-- /.header-contents -->
16  </header>
17  <div class="main-wrapper">
18  <section>
19                    ——— 實作時依說明將 HTML 寫於此處
20  </section>
21  </div><!-- /.main-wrapper -->
22  <footer>JavaScript Samples</footer>
                      ●——— 將 JavaScript 寫在緊鄰</body>前面的位置
23  </body>
24  </html>
```

　　在本書的實作練習中，除了 JavaScript 的程式碼之外，有些狀況下也需要增加 HTML 敘述，這個時候請將必要的 HTML 寫在 <section> 和 </section> 之間，<section> 標籤是 HTML5 定義的新標籤，呈現上與 <div> 大致相同，當然也能以 CSS 控制其外觀。

● 實作樣板檔的 CSS 檔案

　　存放於「_common/css」資料夾的 style.css 檔案，定義了實作樣板檔（index.html）的外觀樣式，與 index.html 不同，練習時不需要對此 style.css 做編輯的動作。

List　　　　　　　　　　　　　　　　　　　　　　　↓ _common/css/style.css　CSS

```
01  @charset "UTF-8";
02  /* CSS Document */
03  body{
04      margin: 0;
05      padding: 0;
06      font-family: "微軟正黑體", "細明體", sans-serif;
07      background-image: url(../images/body-bg.png);
08  }
09  html, body {
10      height: 100%;
11  }
12  header{
13      width: 100%;
14      background-color: #23628f;
15      background-image: url(../images/header-bg.png);
16      background-position: 50% 50%;
17      border-top: #20567d 10px solid;
```

```
18   box-shadow: 0px 3px 5px 0px rgba(0, 0, 0, 0.5);
19   position: relative;
20   z-index: 10;
21 }
22 .header-contents{
23   box-sizing:border-box;
24   max-width: 960px;
25   margin: 0 auto;
26   min-height: 100px;
27   background-image: url(../images/header-logo.png);
28   background-repeat: no-repeat;
29   background-position: 10px 50%;
30 }
31 .header-contents h1,
32 .header-contents h2{
33   margin: 0;
34   color: #fff;
35   line-height: 1;
36 }
37 .header-contents h1{
38   padding: 30px 0 10px 85px;
39   font-size: 24px;
40 }
41 .header-contents h2{
42   padding: 0 0 0 85px;
43   font-size: 14px;
44   font-weight: normal;
45 }
46 .main-wrapper{
47   position: relative;
48   box-sizing:border-box;
49   max-width: 960px;
50   margin: 0 auto;
51   padding:30px 30px;
52   background-color: #fff;
53   border-left: #dadada 1px solid;
54   border-right: #dadada 1px solid;
55   min-height: 80%;
56   min-height: calc(100% - 200px);
57 }
58 footer{
59   box-sizing:border-box;
60   max-width: 960px;
61   margin: 0 auto 10px auto;
62   padding:15px 30px;
63   background-color: #23628f;
64   border: #dadada 1px solid;
```

```
65    border-radius: 0 0 10px 10px;
66    color: #fff;
67    font-size: 12px;
68    text-align: right;
69  }
71  a{
71    color: #5e78c1;
72    text-decoration: none;
73  }
74  a:hover{
75    color: #b04188;
76    text-decoration: underline;
77  }
78
79  @media (max-width: 600px){
80    header{
81      background-position: 32% 50%;
82      border-top: #20567d 5px solid;
83    }
84    .header-contents{
85      min-height: 60px;
86      background-size: 40px 40px;
87      background-position: 10px 50%;
88    }
89    .header-contents h1{                    ─── ★  * 此段用途見底下說明
90      padding: 15px 0 5px 55px;
91      font-size: 16px;
92    }
93    .header-contents h2{
94      padding: 0 0 0 55px;
95      font-size: 12px;
96    }
97  }
```

🐛 實作用樣板檔的特點

此實作樣板檔採用了 RWD 響應式設計，在使用智慧型手機等裝置觀看、或瀏覽器視窗寬度小於 600 像素的時候，將會切換版面配置，在 index.html 和 style.css 程式碼附加★號的位置，可以看到針對響應式設計所撰寫的原始碼。您只要了解一下就好，實作上不會操作到這部份。

實作樣板檔的使用方式

　　開始練習撰寫新的範例前，請先開啟範例資料檔的「practice」資料夾，複製 1 份其中的「_template」資料夾，並更改新複製資料夾的名稱。實際練習的時候，主要編輯的對象是新複製資料夾中的「index.html」檔案，根據實作練習的內容，除了此 index.html 檔案之外，可能還需要製作外部的 JavaScript 等檔案。如有這類額外操作時，在各小節中都會另行說明。另外。在需要用到圖片等檔案的範例中，請從完成的範例檔案夾複製過來即可。

▼ 各節實作練習前先複製「_template」資料夾

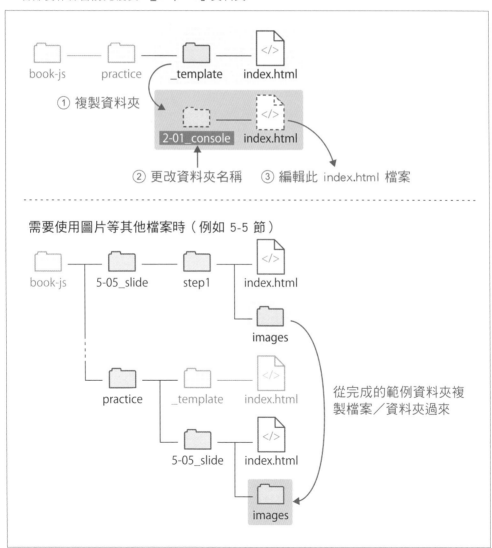

MEMO

Chapter 2

撰寫第一支程式—
基本的輸出指令

　　在第 1 章的內容中，提到程式運作的流程，大致上可分為輸入（Input）、加工以及輸出（Output）等 3 個階段。剛接觸 JavaScript，可從簡單的輸出指令學起。本章就請您一邊學習 JavaScript 基礎語法以及基本的輸出方式吧！

2-1
輸出至主控台
試著使用瀏覽器開發工具

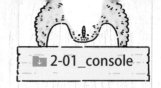

2-01_console

依 JavaScipt 輸出的位置來區分的話，有輸出到**瀏覽器開發工具的主控台 (console)**、**對話框**、以及**網頁內容 (HTML、CSS)** 等 3 種方式，2-1~2-2 節會聚焦在第一種輸出到瀏覽器「主控台」的方式，其他兩種分別會在 2-3 節、2-4 節提到。主控台是確認 JavaScript 程式是否有正常運作的好幫手，內建在各個瀏覽器的開發工具內，本節就來好好熟悉它吧！

▼ 本節的目標

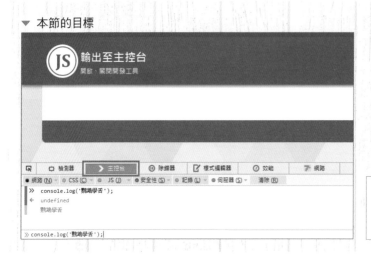

熟悉瀏覽器的開發工具，確實掌握主控台的使用方式和功能。

開啟瀏覽器開發工具

　　幾個主要的網頁瀏覽器，都有提供了稱為「開發工具」的輔助工具，這是 Web 網站開發人員的得力助手，而主控台的功能也包含在裡頭。開發工具在不同的瀏覽器上，可能會標示成「Developer Tools（開發者工具）」或「Web Inspector（網頁檢閱器）」等英文名稱或譯名，本書統一稱為「開發工具」。

　　來開始實作練習吧，請先打開範例檔案中的「practice」資料夾，複製 1 份「_template」資料夾，將複製出來的新資料夾命名為「2-01_console」、同樣放在「practice」資料夾中，然後以瀏覽器開啟新資料夾中的「index.html」檔案，再依

下列的説明了解不同瀏覽器的開發工具要如何開啟,以及如何切換到主控台功能。

● 開啟 Firefox 的開發工具

點擊工具列最右邊的按鈕 ❶ 開啟選單,再點選**開發者**項目 ❷ ,接下來點選**網頁工具箱** ❸ 即可開啟開發工具。想要使用主控台時,點選開發工具的**主控台** ❹ 即可。

▼ Firefox 的開發工具與主控台

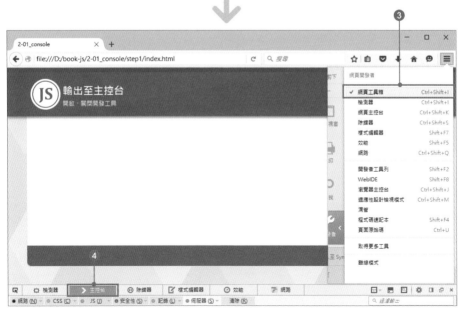

● 開啟 Chrome 的開發工具

點擊網址列右邊的**自訂及管理 Google Chrome** 按鈕 ❶ 開啟選單, 再點選**更多工具-開發人員工具**項目 ❷ 即可開啟開發工具。想使用主控台時, 點選開發工具的 **Console** ❸ 即可。

▼ Chrome 的開發工具與主控台

● 開啟 Edge/IE 的開發工具

點擊右上方的 ⋯ 或工具圖示按鈕 ❶ 開啟選單, 再點選 **F12 開發人員工具**項目 ❷ , Edge 的開發工具會另開新視窗, 而 IE 的開發工具預設顯示於視窗下半部, 想使用主控台時, 點選開發工具的**主控台** ❸ 即可。

▼ Edge 的開發工具與主控台

● 開啟 Safari 的開發工具

Mac 電腦上的 Safari 瀏覽器如果想開啟開發工具, 必須先修改**偏好設定**, 請先點選上方選單列的 **Safari**、選擇**偏好設定**項目 ❶ , 然後在偏好設定對話框中點選**進階** ❷ , 勾選**在選單列中顯示「開發」選單** ❸ 後, 關閉此對話框。

▼ Safari 的環境設定

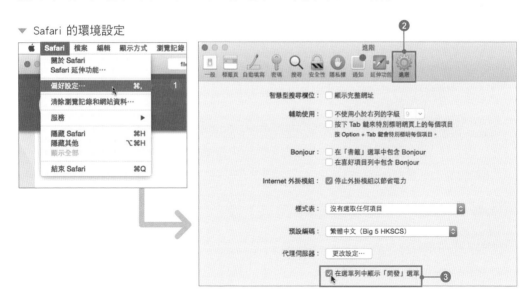

接著點選**開發**選單，選擇**顯示網頁檢閱器** ❹ 即可開啟開發工具。想使用主控台時，請點選開發工具的**主控台** ❺ 。

▼ Safari 的開發工具與主控台

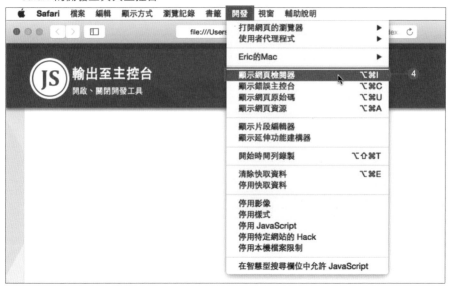

● 關閉開發工具

不論哪個瀏覽器，想關閉開發工具的時候，點選開發工具左上或右上角的（✕）按鈕即可。

▼ 下圖為在 Firefox 上關閉開發工具, 其他瀏覽器均大同小異

 在主控台撰寫第一隻 JavaScript 程式

接著我們就試著在主控台中輸入 JavaScript 程式指令。先開啟開發工具的主控台畫面, 在（>）或（>>）符號右邊的輸入框中輸入以下指令:

```
console.log('鸚鵡學舌');
```

除了「鸚鵡學舌」這幾個字以外, 包含符號或空白等英數字, 請全部以「半形」輸入, 輸入完成後按（Enter）鍵送出。

▼ 在開發工具的主控台輸入程式指令, 再按（Enter）鍵送出

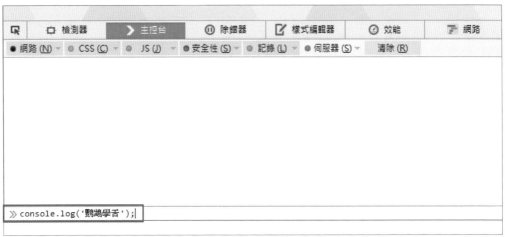

撰寫第一支程式─基本的輸出指令

2

2-7

如果主控台出現如下的回應訊息，表示已經成功執行完畢：

▼ 主控台顯示程式的執行結果

 看到錯誤訊息不必害怕！

　若輸入的程式有錯誤，按下（Enter）鍵後，應該會看到下圖所示的紅色文字訊息，這是瀏覽器在告訴我們說「此程式指令有些錯誤，所以沒辦法順利執行」。

▼ 錯誤訊息的例子

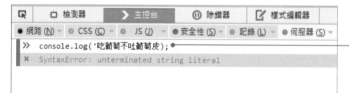

例如此段文字的結尾處，「皮」字後面忘記加上「'」單引號

　這樣的警示訊息雖然會讓人有點驚慌，不過請別過於擔心，因為每個人輸入時都難免打錯字，而且錯誤訊息也不至於弄壞瀏覽器。

　看到錯誤訊息當中有「syntax（意思為語法）」這個單字，表示程式指令中有某個地方輸入錯誤，只要再次小心地輸入正確的指令，應該就可以看到想要的結果了。

 解 說

 解析主控台的顯示內容與認識 console.log()

雖然只是短短一行，不過您已經寫出第 1 個 JavaScript 程式了。

主控台具有執行程式碼、呈現程式執行結果以及回應錯誤訊息等功能。

如同這裡的範例，在主控台中輸入程式，在按下（Enter）鍵的同時，此程式就已經被執行過 1 回，而對於執行的結果，主控台回應了下列的 3 行訊息（在不同的瀏覽器上顯示順序可能會不同）：

1 console.log('鸚鵡學舌'); ●—— 被執行的程式碼
2 undefined ●—— 程式執行後的回傳值，現在先不必急著了解其意義
3 鸚鵡學舌 ●—— 程式的執行結果

其中 **3** 的「鸚鵡學舌」是程式的執行結果，換句話說，執行「console.log('鸚鵡學舌');」這個指令，就是讓主控台 (console) 顯示「鸚鵡學舌」這段文字。

● **console.log()**

console.log 的功能，在於將 () 括弧內的文句輸出至主控台，如果希望像本範例一樣，將整段文字原原本本地輸出至主控台，需要將文字以單引號（'）或雙引號（"）圍住，本書原則上都採用單引號的方式。

語法 輸出至主控台

```
console.log('想輸出的文字');
```

如何避免打錯程式碼

前面的程式碼中，可以看到成對出現的括弧以及單引號（'），在一般撰寫程式的時候會大量用到這類符號，在尚未適應之前很容易輸入錯誤，尤其是忘記在最後加上括弧或單引號結尾，像這樣僅僅少了 1 個符號、或是放在錯誤的位置等，都會讓程式無法正常運作。

為了減少輸入錯誤的狀況發生，不一定要完全按照順序逐一輸入，建議可以先將成對的括弧等符號打好。

以前的程式碼為例，首先，可以像下面的做法一樣，跳過()括弧中的內容，先輸入左右括弧，同時加上最後結尾的分號（;）。

```
console.log();
```

再來將游標往前移，輸入 2 個單引號。

```
console.log(' ');
```

最後移到 2 個單引號中間輸入想輸出的文句，再按（Enter）鍵送出。

```
console.log('鸚鵡學舌');
```

 ## 試試輸出計算式

接下來再試試看稍微不同的主控台輸出方式吧，請輸入下面的程式指令，然後按（Enter）鍵送出。

```
console.log(2+3);
```

主控台應該會顯示「5」的結果，這是因為程式先計算了() 括弧內的運算式，再將答案輸出至主控台畫面。

▼ 主控台顯示 2+3 的計算結果

也能將加號改為減號進行減法運算，下面程式的答案...應該是 88 吧！

```
console.log(123-35);
```

▼ 主控台顯示 123-35 的計算結果

從以上的操作與結果來看, console.log 不僅可以輸出 ( ) 括弧內的整段文字, 遇到運算式還能計算答案並輸出。

 以「請○○執行××」的方式思考

不僅是 JavaScript, 所有程式的基本運作模式, 都是對電腦 (JavaScript 是對瀏覽器) 下達「請執行××」的命令, 不過, 若直接對瀏覽器提出「請執行××」這樣含糊的指令, 將得不到任何回應, 因為必須指定由「誰」來執行××的動作。

以剛剛練習過的「console.log();」指令來說, console 正是被指定的「對象」, 而 log() 則相當於「執行 log 輸出」。不過這樣還不夠, 光是「執行 log 輸出」的命令, 還是不知道該執行輸出「什麼」, 因此就要在 ( ) 括弧中指定要執行的資訊。

如果用中文來解釋這段程式, 就如同下面這樣:

▼ console.log ('鸚鵡學舌') 的意涵

因此，利用 JavaScript 指揮瀏覽器做某些動作的時候，您可以想成「請○○執行╳╳」，然後指定好「△△」(內容)，在這樣的指令中：

- 「請○○」的部分相當於物件（Object）
- 「執行╳╳」的部分相當於方法（Method）
- 「△△」的部分則相當參數（Parameter）

▼ 此程式語法的物件、方法與參數

● console 是「物件」(接受指令的對象)

現在請您在腦海中想像一下瀏覽器的樣子，包含了整個視窗、返回（上一頁）鍵、網址列、主控台…等等，瀏覽器其實是由許多「零件」所構成的，而大多數的零件，都可以透過 JavaScript 進行操控，這些能以 JavaScript 進行操控的瀏覽器零件，就稱為「**物件**」，為了方便操作，物件都各自擁有專屬的名稱（物件名稱），舉例來說，主控台的物件名稱就叫 console。

想讓 JavaScript 操控某個物件執行某些動作的時候，首先，當然是指定物件名稱，讓瀏覽器知道該讓哪個零件接受指令。

附帶一提，瀏覽器除了 console 物件之外，還擁有 window（瀏覽器視窗）、document（網頁內容）等物件，之後的實作也會用到這些物件。

▼ 瀏覽器的物件

● log() 是「方法」(想讓物件執行的動作)

在物件名稱後方、以英文句點 (.) 分隔開來的 log() 部分被稱為「方法」。

方法是對物件所下達的「執行✕✕」命令，也就是具體說明需要執行的動作，舉例來說，console 物件的 log() 方法，相當於「將 () 內的文字或計算式的計算結果輸出至 console」。

對於每個物件，JavaScript 都預先準備了一些可用的方法，以 console 物件為例，還有下面所列的方法：

▼ console 物件可使用的方法

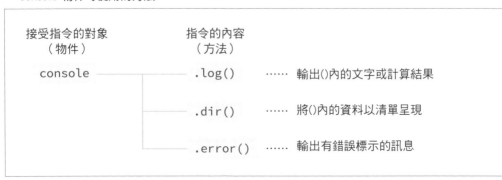

另外還有 1 個重點，方法一定會帶有()括號，在 JavaScript 的世界中，此()括號相當於「執行╳╳」的「執行」，明確表示它是可執行的動作。

● () 內是「參數」（執行指令所需的資訊）

前面的實作練習中，是在方法後面的 () 括弧內填入'鸚鵡學舌' 的文字、或是簡單的數學計算式，而這些 () 括弧內所包含的內容被稱為「**參數**」。

舉例來說，前面練習過的 console 物件的 log 方法相當於「執行 log 輸出」的指令，不過單靠這樣的指令，程式還是不知道應該輸出什麼，而 log 方法 () 括弧內的參數就要指定輸出的內容，例如「輸出 '鸚鵡學舌' 字串」或「計算並輸出 2+3 的結果」。

 ## JavaScript 語法的其他重要知識

到此已經為您介紹過了 JavaScript 的物件、方法、參數等基本觀念，不過對於單引號（'）以及指令最後面的分號（;）等 2 個部分，還需要特別說明一下。

● 單引號（'）的功用

如果在()括弧內填入 1 段文字，想讓這些文字直接輸出至主控台時，需要在文字的前後加上單引號（'）圍住。

由 1 個以上的文字所組成的句子，在程式中被稱為「字串」，而前後單引號的功用，在於明確表示這段文字是字串，知道參數是字串後，console.log 才會直接將文字內容輸出至主控台。

除了使用單引號之外，也可以改用雙引號（"）來圍住字串，單引號與雙引號的功用完全相同，不過，為了撰寫程式方便，本書原則上都是採用單引號。

● 什麼時候不需要單引號?

另外一方面，像是練習過的「2+3」計算式例子，有時候()括弧內的參數不需要用單引號圍住，**沒有單引號圍住的時候，代表了參數是「字串以外的資料」**，例如「2+3」會被當成「數學計算式」，所以程式執行的時候會先計算其結果，然後再將計算結果輸出到主控台。

▼ 是否有單引號會影響參數被當成何種資訊

程式	認定型態	輸出結果
console.log('學以致用');	被當成字串	學以致用
console.log(16+15);	被當成計算式	31
console.log('16+15');	被當成字串	16+15

● 分號（;）的功用

分號（;）表示 1 行程式指令到此結束, 類似中文的「。」, 就這麼簡單。

本書為什麼採用單引號圍住的方式？

假使某段字串中的文字含有雙引號（"）, 那麼這整段字串就必須使用單引號（'）來圍住, 反過來說, 若是這段字串中含有單引號, 那麼整段字串就必須使用雙引號圍住；如果字串內的單引號或雙引號與圍住字串的引號相同, 那麼 JavaScript 將無法判斷字串從哪裡開始、到哪裡結束。

考慮到字串內含有雙引號的機率、以及含有單引號的機率, 應該是含有雙引號的機會較高, 所以本書原則上都是使用單引號圍住字串。

▼ 例如想顯示「請按"C"鍵繼續執行」這樣的訊息, 就必須以單引號將整段文字圍起來

```
○ console.log( ' 請按 "C" 鍵繼續執行 ' );
✕ console.log( " 請按 "C" 鍵繼續執行 " );
```

用雙引號會無法判斷字串起始與結束的地方

2-2

JavaScript 應該寫在哪裡？
`<script>` 標籤與 JavaScript 的書寫位置

在 2-1 節中, 程式指令是直接寫到主控台中, 不過, 實際運作的 Web 網站不可能要求使用者自行操作主控台, 所以網站上的 JavaScript 其實是存放在其他的位置, 接下來就讓我們了解一下除了主控台之外, JavaScript 還可以寫在哪裡吧！

▼ 本節的目標

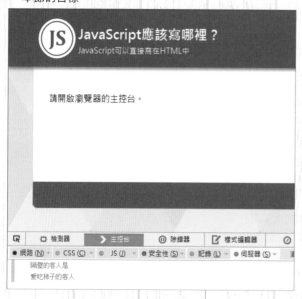

> JavaScript 的存放位置, 分成直接寫在 HTML 檔案、以及另外準備專用的獨立檔案等 2 種做法, 這兩者待會都請動手試試看。

方法 1：將 JavaScript 直接寫在 HTML 檔案中

請開啟實作範例檔案的「practice」資料夾, 複製 1 份「_template」資料夾, 並且將複製出來的新資料夾命名為「2-02_tag」。

使用文字編輯器程式, 開啟新複製資料夾中的 index.html 檔案, 如下加入程式碼：

```
10 <body>
   …省略
22 <footer>JavaScript Samples</footer>
23 <script>
24 console.log('愛吃柿子的客人');
25 </script>
26 </body>
```

　　輸入完畢後，請儲存此 index.html 檔案，然後以瀏覽器開啟撰寫完成的 index. html 檔案，並也開啟主控台，應該可以看到 console.log 的參數 '愛吃柿子的客人' 被輸出至主控台。

▼ 寫在 index.html 中的 JavaScript 輸出至主控台的結果

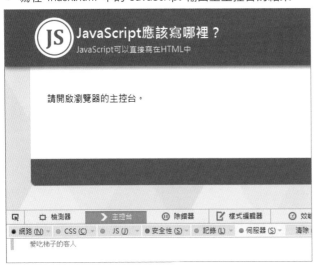

IE 出現警告訊息？

　　以 IE 瀏覽器開啟 HTML 檔案的時候，可能會出現如下圖的警告訊息，這個時候請點選「允許被封鎖的內容」按鈕即可看到執行結果。

▼ 出現此警告時，請點選「允許被封鎖的內容」

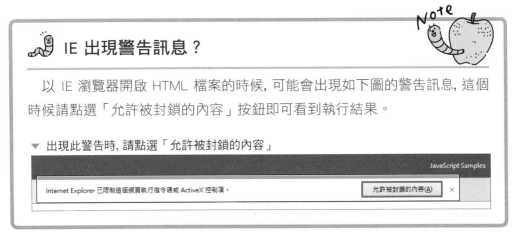

解 說

 將 JavaScript 寫在 HTML

在 HTML 文件中增加 <script> 和 </script> 標籤，即可直接在 2 個標籤間寫入 JavaScript 程式碼。

<script> 標籤可以放在 <head>〜</head>、或 <body>〜</body> 標籤之間的任意位置，一般建議**放在緊接 </body> 結束標籤前的位置**。

語法 <script>標籤書寫的位置

```
<body>
…省略
<script>
將 JavaScript 寫在這裡
</script>
</body>
```

 方法 2：讀取外部 JavaScript 檔案

另外，可以預先將 JavaScript 程式寫在像是 script.js 這樣的獨立檔案中，然後在 HTML 檔案開啟的時候讀入此檔案，本練習將從 index.html 讀取 script.js 檔案的內容，首先需要編輯 index.html 檔案。

```html
10 <body>
   …省略
22 <footer>JavaScript Samples</footer>
23 <script src="script.js"></script> ●——— 加入此行讀取 script.js 檔案
24 <script>
25 console.log('愛吃柿子的客人');
26 </script>
27 </body>
```

接下來以文字編輯器開啟新檔案，在其中輸入下方所列的程式碼，完成後命名為「script.js」，儲存在與 index.html 相同的位置。

```javascript
01 // 外部 JavaScript 檔案
02 /*
03 外部 JavaScript 檔案
04 讀取之後會立即執行。
05 */
06 console.log('隔壁的客人是');
```

 檔案的文字編碼格式請選擇「UTF-8」

製作 Web 網站使用的 HTML、CSS 與 JavaScript 等檔案時，文字編碼請記得一定要選擇「UTF-8」格式，尤其是 JavaScript 檔案，如果不是 UTF-8 格式，可能會出現無法正常運作的狀況。

本書 1-5 節曾經介紹過幾款文字編輯器，Brackets、Sublime Text 以及 Dreamweaver 均可在開新檔案的時候選擇 UTF-8 格式。

index.html 與 script.js 檔案均編輯完成後, 以瀏覽器開啟 index.html、並開啟主控台, 此時在主控台中應該可以看到完整的「隔壁的客人是愛吃柿子的客人」訊息。

▼ 讀取外部 JavaScript 檔案輸出至主控台的結果

回頭看看上一頁的程式碼, 雖然 script.js 檔案有 6 行內容, 不過前 5 行都是「程式註解」的部分, 這是為了便於日後回頭查閱程式碼的備忘提示或說明, JavaScript 執行時會「忽略掉」註解的部分, 所以在註解中可以寫入任何文字敘述。

如果在最前方輸入「//」2 個斜線, 那麼這整行文字會成為單行的註解, 若想在檔案中留下多行註解時, 請在起始處輸入「/*」、結束處輸入「*/」, 中間的內容會全部成為程式的註解, 多行註解的格式和 CSS 的註解方式相同, 您或許已經很熟悉了。

語法 JavaScript 檔的註解方式

```
//單行的說明註解
/*
跨越多行的
說明註解
*/
```

解 說

 ## 讀取外部的 JavaScript 檔案

從 HTML 讀取外部的 XX.js 檔案時, 同樣需要利用 <script> 標籤, 做法是在 <script> 標籤中增加 src 屬性, 並且指定屬性值為外部 JavaScript 檔案的路徑, 若用相對路徑的方式指定, 必須以 HTML 檔案的位置為起始點。

另外, 讀取外部獨立 JavaScript 檔案的時候, <script> 開始標籤與 </script> 結束標籤之間不需輸入任何內容, 不過請別忘了一定要加上 </script> 結束標籤。

語法 讀取外部 JavaScript 檔案

```
<script src="從 HTML 檔案起始的相對路徑"></script>
```

 ## JavaScript 的執行順序

如同本小節練習的範例, 將 JavaScript 直接寫在 HTML 檔案中, 或另外準備外部獨立的 JavaScript 檔案, 這 2 種方式可以同時使用, 不會相互衝突。而執行的順序, 是按照 HTML 檔案中 <script> 標籤的先後次序執行。

將 JavaScript 寫在外部檔案是常見做法

將 HTML 和 JavaScript 程式分開儲存, 在網站管理作業上會比較方便, 因此, 多數的網站都會盡可能把 JavaScript 程式寫在外部獨立的檔案, 不過對於剛起步的您來說, 能夠同時看到 HTML 與 JavaScript 並列在一起, 比較容易理解程式做了哪些事情, 所以本書範例原則上都是直接在 <script> 標籤間寫入 JavaScript 程式碼。

2-3

顯示對話框

window.alert()

繼主控台之後, 此小節將為您介紹 JavaScript 第 2 種輸出方式, 也就是將資訊輸出至對話框, 對話框的程式語法和 console.log 幾乎相同, 您一定可以輕鬆學會。

▼ 本節的目標

我們要試著呼叫出對話框, 並顯示文字訊息。

step 1 顯示對話框

此次同樣從範例檔案中「_template」資料夾的複製工作開始, 新複製出來的資料夾請命名為「2-03_alert」, 然後編輯其中的 index.html 檔案, 在緊鄰 </body> 結束標籤的前方, 輸入<script> 標籤以及 JavaScript 程式碼。

⬇ 2-03_alert/step1/index.html `HTML`

```html
10 <body>
   …省略
22 <footer>JavaScript Samples</footer>
23 <script>
24 window.alert('APP 連動設定已經完成。');
25 </script>
26 </body>
```

編輯完成後先儲存起來, 再以瀏覽器開啟此 index.html 檔案, 畫面上應該會跳出警告對話框, 點選**確定**按鈕即可關閉對話框。

▼ 在瀏覽器顯示對話框

 解說

 對話框的語法

前面曾經說明過, 將字串之類的資訊輸出至主控台時, 是利用 console 物件的 log 方法, 而此範例能在畫面上彈出警告對話框、輸出 () 括弧內的字串內容, 則是使用了 window 物件的 alert 方法。

| 語法 | 在畫面上顯示對話框 |

```
window.alert(想輸出的文字或計算式等);
```

這裡特別留意一下, 由於 alert 是為了 window 物件準備的方法, 而同樣地, log 是 console 物件專屬的方法, 所以不能要求 window 物件執行 log 方法, 也無法命令 console 物件執行 alert 方法。

▼ 下列的程式都會出現錯誤訊息無法執行

×   window.log('APP 連動設定已經完成。');
×   console.alert('鸚鵡學舌');

 ## 從輸入→加工→輸出的角度來看

2-1 小節的 log 方法以及這裡的 alert 方法,同樣都是執行輸出的方法,還記得第 1 章曾經做過如下的說明嗎:

「輸入→加工→輸出」,幾乎是所有 JavaScript 程式的共通處理過程。

到目前為止的程式範例中,也許還看不到什麼輸入或加工的部分,不過,即使是前面這些很短的程式碼,實際上還是包含了輸入與加工的成分。

怎麼說呢?不論是 log 方法或 alert 方法,如果沒有指定 ( ) 括弧內的參數,執行時就沒有東西可以輸出,在程式進行輸出之前,輸出的資訊必定來自於預先輸入的資料,以 log 方法以及 alert 方法來說,( ) 括弧內的參數其實就扮演了輸入的角色。

那麼,加工的部分在哪裡呢?在參數為字串的狀況下,因為程式沒有特別做什麼事情,就直接將字串輸出至畫面,所以沒有做加工的動作,不過當參數為計算式的時候,程式會先計算其結果再輸出,而這樣計算的動作,可以視為對輸入資料進行加工。

▼ 即使是很短的程式,也有輸入→加工→輸出的觀念

2-04_html

2-4

改寫 HTML
取得元素、改寫內容

JavaScript 第 3 種輸出方式, 就是改寫呈現於瀏覽器畫面的 HTML 內容。前面 3 節介紹到的輸出至主控台或對話框, 其實在網站上鮮少看到 (但對於剛起步的您還是要知道), 多數網站運用 JavaScript 技術多半是本小節將要介紹的內容, 也就是以 JavaScript 改寫 HTML 的做法, 請務必熟悉這個技巧。

▼ 本節的目標

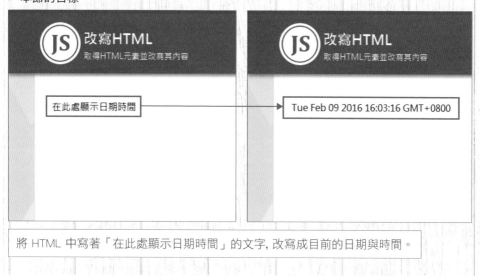

將 HTML 中寫著「在此處顯示日期時間」的文字, 改寫成目前的日期與時間。

取得 HTML 元素

本節範例會將程式執行分成 2 個階段:

① 取得想改寫部分的 HTML 標籤與內容, 也就是 HTML 元素

② 改寫元素的內容

後面會針對如何取得 HTML 元素、以及如何改寫元素內容, 分別說明對應的程式碼。

想利用 JavaScript 取得 HTML 中的元素, 有幾個做法可以達成, 此次使用最簡單的方式, 也就是取得具有特定 id 屬性的元素, 這裡將取得 id 屬性值為 'choice' 的元素（<p id="choice">）, 而為了確認是否取得正確的元素, 取得之後會先將元素資訊輸出至主控台做確認。

　請先複製範例檔案的「_template」資料夾, 將新複製資料夾命名為「2-04_html」, 再編輯其中的 index.html 檔案, 這裡除了 JavaScript 程式碼之外, 也需要修改 HTML 的部分。

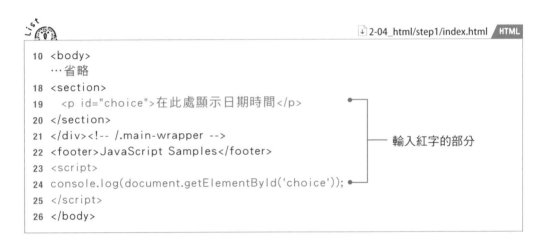

⬇ 2-04_html/step1/index.html **HTML**

```
10 <body>
   …省略
18 <section>
19   <p id="choice">在此處顯示日期時間</p>
20 </section>
21 </div><!-- /.main-wrapper -->
22 <footer>JavaScript Samples</footer>
23 <script>
24 console.log(document.getElementById('choice'));
25 </script>
26 </body>
```

── 輸入紅字的部分

🐛 程式碼的撰寫順序

　是不是覺得 JavaScript 的部分有點長？為了避免出錯, 建議您可以按照下面的順序輸入, 首先請輸入：

```
console.log();
```

再來輸入：

```
console.log(document.getElementById());
```

最後在 document.getElementById() 的括弧內填入參數即可完成：

```
console.log(document.getElementById('choice'));
```

index.html 編輯完成後請先儲存，然後在瀏覽器上打開主控台確認訊息，主控台出現的 HTML 標籤與其內容即是 JavaScript 程式取得的元素，如果看到「**<p id="choice">** 」的訊息，表示此階段成功完成！

▼ 從 HTML 取得元素並輸出至主控台

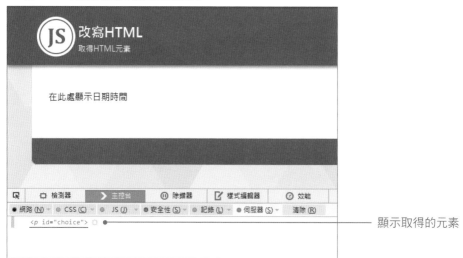

─── 顯示取得的元素

 解 說

 document 物件的 getElementById 方法

在 console 物件以及 window 物件之後，這裡又看到了新登場的 document 物件，JavaScript 的 document 物件擁有相當多的功能，可以對呈現在畫面上的 HTML 或的 CSS 執行相關操控動作，而此次所使用的 getElementById 方法，其功能在於取得 id 名稱和 () 括弧內參數相同的整個元素，因為 id 名稱必須以字串指定，所以前後都需要加上單引號 (')。

語法 取得特定 id 名稱的元素

```
document.getElementById('id 名稱')
```

JavaScript 會區分大、小寫字母

在 JavaScript 的世界中, 會區分英文字母的大寫與小寫, 也就是說, E 與 e、B 與 b 或 I 與 i 都會被當成不同的字母, 因為這樣的緣故, 如果沒有輸入正確的大寫或小寫字母, 程式將無法正常運作, 而後面的實作練習有些地方也需要輸入大寫的英文字母, 撰寫程式時都要特別注意。

▼ document.getElementById() 的正確與錯誤書寫方式

```
○   document.getElementById('choice')
×   document.getelementbyid('choice')
×   Document.getElementById('choice')
```

 ## 改寫已取得元素的內容

在前面的 , 已經確定取得了 HTML 的元素, 而到了這個步驟, 要試著改寫已取得元素的內容, 您可以沿用 的部分程式碼, 刪除掉原有的「console.log(」以及「);」, 再新增寫入缺少的部分。

 2-04_html/step2/index.html `HTML`

```html
23 <script>
24 document.getElementById('choice').textContent = new Date();
25 </script>
```

編輯完成並儲存後, 再以瀏覽器確認成果, 此時您可能會覺得格式有點奇怪, 不過畫面上的確顯示著目前的日期與時間。

▼ 文字已經被改寫成目前的日期時間

「new Date();」的意義會在後面章節再做詳述, 現在只需要知道它具有「取得目前日期時間」的功能即可, 而取得的日期時間格式是國際標準格式。

▼ 日期時間的閱讀方式

```
星期  月 日   年     時:分:秒        時區
Sun Jun 07 2015 19:14:28 GMT+0900 (JST)
```

 用來改寫元素內容的 textContent

　為了改寫已取得 HTML 元素的內容, 也就是開始標籤與結束標籤之間的文字, 其程式指令如下所示:

> **語法** 改寫已取得元素的內容
>
> document.getElementById(id 名稱).textContent =
> 想改寫的文字;

　「想改寫的文字」在本範例中是使用目前的時間, 如果想用字串改寫原本的內容, 前後請記得加上單引號 (')。

▼ 以字串改寫內容

　document.getElementById('choice').textContent = '是否接收通知訊息？';

試著將「想改寫的文字」換成計算式

　如果在括弧中填入不加引號的數學計算式, 程式將會顯示計算後的結果, 請試著改變一下程式指令「=」右側的部分。

也可以讀取元素的內容

對於取得的 HTML 元素, 不僅可以改寫替換掉原本的內容, 也可以單純只讀取其內容, 程式語法「document.getElementById('choice').textContent」即代表了元素原本的內容, 請試著按照下面的程式, 在前面練習完成的檔案中加上新的程式碼, 將已被改寫的內容輸出至主控台。

▼ 將已取得元素的內容輸出至主控台

```
23 <script>
24 document.getElementById('choice').textContent = new Date();
25 console.log(document.getElementById('choice').textContent); ●── 加上此行
26 </script>
```

▼ 在主控台輸出目前的日期時間

| ⌖ | ▢ 檢測器 | ❯ 主控台 | ⓘ 除錯器 | ✐ 樣式編輯器 | ⊘ 效能 |

● 網路 (N) ▾   ● CSS (C) ▾   ● JS (J) ▾   ● 安全性 (S) ▾   ● 記錄 (L) ▾   ● 伺服器 (S) ▾   清除 (R)

Tue Feb 09 2016 16:13:19 GMT+0800

textContent 是「屬性」(物件目前的狀態)

window 或 document 之類的所有物件除了方法之外, 還具有「屬性」, 物件的屬性代表了該物件目前的狀態, 為了讓您比較容易理解, 可以用下面 2 段敘述來說明:

○○物件的□□目前是☆☆

          或

將○○物件的□□設為☆☆

其中的□□指的就是「屬性」, 而☆☆則為「屬性的值」, 對於物件的屬性值, 一般可以執行讀取或改寫的動作。

所以, 對於「document.getElementById('choice')」指令所取得的元素, textContent 即是此元素「內容」的屬性, 以練習中撰寫過的程式碼為例:

```
24 document.getElementById('choice').textContent = new Date();
```

若轉換成上一頁的中文敘述則相當於：

將\<p id="choice"\>\</p\>的內容設為 new Date()

這行程式的功用就是改寫\<p id="choice"\>\</p\>元素的 textContent 屬性。

Element 物件

以「document.getElementById(id 名稱)」所取得的元素, 其實也是被稱為 Element 的實體物件, 既然是物件, 當然有其專屬的方法與屬性, 而 textContent 正是 Element 物件的屬性之一。

物件相關知識的整理

為了能夠寫好 JavaScript 程式, 或是讀懂已經完成的程式碼, 正確地認識「物件」是非常重要的事情, 因此, 這裡為您整理一下目前為止的說明。

組成瀏覽器的所有零件、呈現於畫面上的 HTML 文件、還有此次練習中所使用過的「日期」、以及今後還會不斷出現的「字串」等資料, 在 JavaScript 中都被當作「物件」看待。

目前使用過的物件有 window 物件、console 物件以及 document 物件等, 它們都具有其專屬的：

- **方法（對物件下達「請執行╳╳的指令」）**

- **屬性（代表物件目前的狀態）**

其中, 方法的後面必定會附上 () 括弧, 而根據不同方法的使用方式, 有時候需要在 () 括弧內填入參數。

另外屬性可以讀取或是改寫其數值。

如果不小心忘記、想再複習 1 次的時候, 請參考 p.2-12 以及 p.2-30 等頁的內容。

MEMO

JavaScript 的基本語法

不管什麼語言，一定都有其使用語法，JavaScript 也不例外。在這個章節中，將為您介紹可以按照不同條件執行不同動作的 if 條件句，以及能重複多次相同程序的 for、while 迴圈。從這些語法的格式與用法開始，學習撰寫 JavaScript 程式的知識。

3-1

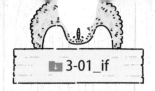
🔲 ↓ 3-01_if

顯示「確認對話框」
條件分支（if）

類似「如果…則…」、「如果不是…則…」這樣，會根據某個條件而改變後續動作的，就稱為 if 條件句（也稱為判斷句），本節的範例將會用到 if 來判斷使用者是按了「確定」或「取消」按鈕，改變接下來執行的動作。撰寫正確的 if 條件句時，必須設定「條件」做為判斷的依據，同時也必須了解條件是否成立的布林值（可為 true/false）概念。

▼ 本節的目標

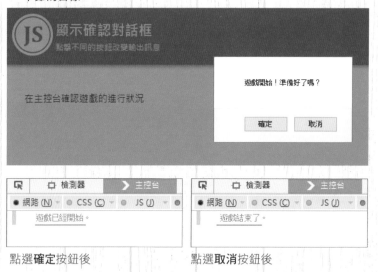

對話框上有 2 個按鈕，點選「確定」或「取消」按鈕時，會輸出不同的訊息至主控台。

點選**確定**按鈕後　　　點選**取消**按鈕後

step 1
嘗試運用確認對話框

開始練習使用 if 條件句前，先來看一下「確認對話框」是什麼樣的功能吧！請從複製範例檔案「_template」資料夾的動作開始，將新複製出來的資料夾命名為「3-01_if」，然後在 index.html 檔案中加入以下的程式碼。

```
22 <footer>JavaScript Samples</footer>
23 <script>
24 console.log(window.confirm('遊戲開始！準備好了嗎？'));
25 </script>
26 </body>
```

3

▼ JavaScript 的基本語法

　　開啟瀏覽器與主控台確認 index.html 能否正常運作，此時畫面上會跳出確認對話框，如果點選**確定**按鈕，主控台應該會顯示 true 訊息，按**取消**按鈕則會出現 false 訊息，需要再次確認的時候可以按 F5 鍵重整一下網頁。

▼ 在畫面上顯示確認對話框

　　想呼叫確認對話框顯示在畫面上，需要用到 window 物件的 confirm 方法，其使用方式與 alert 方法大致相同，而 ( ) 括弧內可以填入對話框上出現的提示訊息。

語法 在畫面上顯示確認對話框

```
window.confirm('提示訊息')
```

3-3

解說

 回傳（Return）

window 物件的 confirm 方法具有 alert 方法所沒有的功能，雖然 2 者都會在畫面上呈現對話框，不過 confirm 方法還能**回傳**數值，而「回傳數值」這件事，可以想成是方法對執行結果所做的總結報告。

confirm 方法的任務是「在畫面上顯示對話框，讓使用者點選**確定**或**取消**按鈕」，當使用者按了其中 1 個按鈕之後，confirm 方法的任務就算是結束了，而任務結束的同時，confirm 方法還需要回傳 true 或 false 這樣的數值，讓程式知道使用者的選擇，這就是對執行結果的總結報告。

而數值回傳之後，原本程式中寫著「window.confirm('遊戲開始！準備好了嗎？')」的部分，會被置換成回傳的數值（true 或 false），也就是說，這行程式最後執行的動作，其實等同於「console.log(true);」或是「console.log(false);」的效果，所以在主控台中才會看到 true 或 false 的訊息。

▼ 方法回傳數值的概念圖

 回傳值、回覆值

方法回傳的數值，也有人稱為回覆值，或直接使用 return 這個英文單字，不過為了讀者容易理解，本書統一稱之為「回傳值」。

 true 與 false

confirm 方法的回傳值必定是 true 或 false 其中之一, true 具有「真（條件成立）」的意思, 而 false 則代表了「假（條件不成立）」, **true 與 false 這兩者合起來被稱為布林值（boolean 值或 bool 值）。**

下個 所使用的 if 條件句、還有程式迴圈（後面章節會再做介紹）等程式語法, 凡需要依據給予的條件改變後續的執行動作, 都需要布林值的概念, 判斷條件是否為 true 或 false 之後, 才能決定接下來的處理程序, 這是非常重要的觀念, 請您熟記於心中。

 改變點選按鈕之後的訊息

前面已經說明過, confirm 方法會根據使用者點選的按鈕, 回傳 true 或是 false 的數值, 接下來需要利用回傳的布林值, 讓程式分別執行不同的動作, 想要達成這樣的效果時, 就輪到 if 條件句上場了。

這裡希望使用者按下對話框的**確定**按鈕後, 程式會將「遊戲已經開始。」的文字輸出至主控台, 另外, 若按下**取消**按鈕, 則會將「遊戲結束了。」的訊息輸出至主控台。

請將您練習用的 index.html 改寫成如下的樣子：

 3-01_if/step2/index.html `HTML`

```
23 <script>
24 if(window.confirm('遊戲開始！準備好了嗎？')){
25    console.log('遊戲已經開始。');
26 } else {
27    console.log('遊戲結束了。');
28 }
29 </script>
```

請以瀏覽器開啟編輯完成的 index.html 檔案, 檢查按下對話框的**確定**按鈕後, 主控台是否出現「遊戲已經開始。」的訊息, 而按下**取消**按鈕後, 是否有「遊戲結束了。」的訊息。需要再次確認的時候可按 F5 重整一下網頁。

▼ 按下不同的按鈕後, 輸出不同的文字到主控台

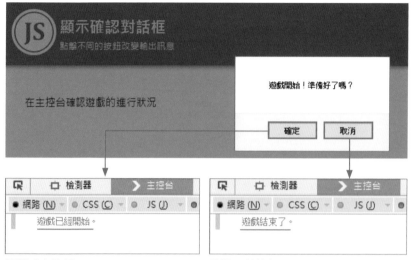

點選**確定**按鈕　　　　　　　　點選**取消**按鈕

 解 說

 if 條件句

當 if 條件句的 () 括弧內為 true 的時候, 將會執行緊接在後方{…}內的程式碼, 而 () 括弧內為 false 的時候, 則執行 else 後方{…}內的程式碼。

語法 if 條件句

```
if(條件) {
    條件為 true ( 成立 ) 時執行的動作
} else {
    條件為 false ( 不成立 ) 時執行的動作
};
```

這裡我們做個實驗, 首先確認一下如果在 () 括弧內填入 true, 程式將會如何運作, 請暫時把您手上的程式改成右方的樣子：

24 if(true){

如此一來，不論重整或重新開啟 index.html 幾次，程式必定只執行前半段的{…}部分，主控台也應該一直看到「遊戲已經開始。」的訊息。

▼ 直接在 () 括弧內填入 true

```
if(true){
  console.log('遊戲已經開始。'); ◀── 會執行此處的程式
} else {
  console.log('遊戲結束了。'); ◀── 不會執行此處的程式
}
```

再來將 () 括弧內改為 false，則只會執行後半段、else 後面{…}部分的程式，此時主控台應該持續看到「遊戲結束了。」的訊息。

▼ 直接在 () 括弧內填入 false

```
if(false){
  console.log('遊戲已經開始。'); ◀── 不會執行此處的程式
} else {
  console.log('遊戲結束了。'); ◀── 會執行此處的程式
}
```

依這裡做的實驗，直接在 () 括弧內寫入 true 或 false，程式執行到這裡當然不會出現分歧的狀況，不過原先的範例是在 () 括弧內填入「window.confirm('遊戲開始！準備好了嗎？')」的指令，程式會根據使用者按了**確定**按鈕或**取消**按鈕，而自動將 if 條件句的 () 括弧內容置換成 true 或 false，隨著 () 括弧內的條件改變，接下來執行的程式也會跟著改變，因此，如果能掌握 if 條件句的使用方法，就能配合當時狀況控制程式執行的動作。

● 可以省略 else 後面的部分

if 條件句的使用方式，是在 () 括弧內條件為 true 的時候執行某些動作，如果 false 的時候什麼都不需要做，可以省略 else 後面的部分。

▼ 如果條件為 false 就不必執行任何動作，可省略 else 之後的部分

```
if(window.confirm('...')){
  console.log(' 遊戲已經開始。');
} else {
  console.log(' 遊戲結束子。');
}
```
├─ 可省略

以本次練習的範例程式來說，若是省略掉 else 及後面的部分，使用者點選**確定**按
鈕的時候，程式執行的結果不會改變，不過，如果使用者按下**取消**按鈕，主控台中將
看不到任何訊息出現。

 JavaScript 的規範

為了避免不同瀏覽器之間的差異，HTML 與 CSS 均訂有標準的規範，同樣
地，JavaScript 也有其標準規範，由於 2011 年之後發行的網頁瀏覽器（IE9
之後）大多依循著這些標準規範開發，所以呈現的網頁效果也大致相同。

在 JavaScript 的標準規範中，程式語法和格式等基本語言規格是由標準化組
織 Ecma International 所制定；而為了操控瀏覽器與 HTML，需要的物件、方法
與屬性等名稱以及功能的部分，則由 Web 相關技術標準化的組織 W3C 負責。

JavaScript 比較正式的名稱是「ECMAScript」，而 ECMAScript 的基本語言
規範被定義於名為「ECMA-262」的文件中，目前 ECMA-262 最新的版本是
2015 年 6 月公布的第 6 版，增加了一些大規模開發的相關功能。

▶ Standard ECMA-262

`URL` http://www.ecma-international.org/publications/standards/Ecma-262.htm

另外，為了操控瀏覽器與 HTML 所需的物件和方法等規格，則被定義於
HTML 最新版本的「HTML5」規格文件中。

▶ HTML5 W3C Recommendation

`URL` http://www.w3.org/TR/html5/

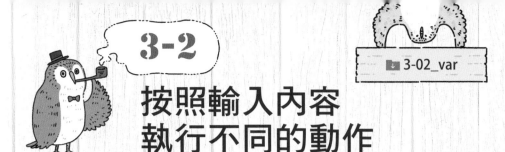

3-2

⬇ 3-02_var

按照輸入內容
執行不同的動作

變數

本節將學習到如何呼叫具有文字輸入區的對話框（prompt），對話框會以使用者輸入的文字當作回傳值回報。本範例中會暫時儲存此回傳值，如果暫時儲存的文字為「yes」（也就是使用者輸入了 yes 的文字），接下來將會顯示另一個對話框，而 yes 以外的文字則不會有任何動作。

程式要如何儲存回傳值呢？這就需要用到**變數**這個非常重要的功能。

▼ **本節的目標**

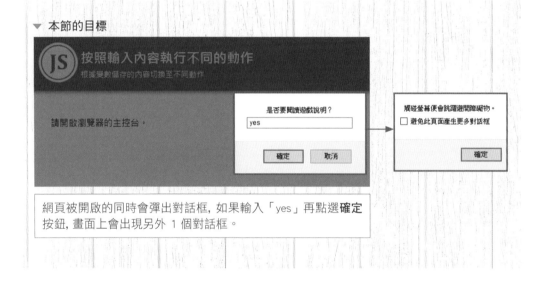

網頁被開啟的同時會彈出對話框，如果輸入「yes」再點選**確定**按鈕，畫面上會出現另外 1 個對話框。

step 1　將點選按鈕的結果儲存至變數

本範例將分成 2 個階段進行，前半段完成的程式會在畫面上顯示輸入對話框，並且把使用者輸入的文字儲存至變數中。請同樣複製範例檔案的「_template」資料夾，新複製資料夾命名為「3-02_var」，開始編輯 index.html 檔案。

```
10 <body>
　 … 省略
23 <script>
24 var answer = window.prompt('是否要閱讀遊戲說明？');
25 console.log(answer);
26 </script>
27 </body>
```

　開啟瀏覽器的主控台, 確認一下 index.html 能否正常運作, 此時畫面上應該會出現附有文字輸入區的輸入對話框。如果在文字輸入區隨便輸入一些內容再按**確定**按鈕, 即可在主控台中看到與輸入內容相同的文字。

▼ 輸入文字並按確定後, 文字將顯示於主控台

　雖然在程式的第 1 行已經可以看到變數出現, 不過後面原來詳細介紹它, 這裡先從 prompt 方法開始為您進行說明。prompt 方法和 alert、confirm 方法同樣都屬於 window 物件的方法, 而 () 括弧內的文字字串、或是計算式的計算結果等訊息, 也同樣會出現在畫面上的對話框中。

　prompt 輸入對話框較為特別的地方, 在於使用者按下**確定**按鈕時, 輸入的內容會被當成回傳值回送。

語法 顯示輸入對話框

window.prompt('提示訊息');

什麼是變數？

在前面 3-1 節的範例中, confirm 方法的回傳值, 直接被當成 if 條件句的條件式來使用, 雖然獲得的資料（以 confirm 方法為例就是 true 或 false）有時候可以當場立即拿來使用、不需保留, 不過在某些狀況下, 資料必須留存至後面的處理程序。

執行到某行程式碼時所獲得的資料—在本節範例即是 prompt 回傳值的內容, 如果想留給之後的程式碼使用, 那麼就必須有個地方暫時儲存該資料, 而「變數」正是可以儲存資料的地方。

變數的使用方法可以歸納成下面的模式：

1 「宣告」變數

2 將資料「存入」變數

3 從變數「讀取」資料

4 「改寫」變數儲存的資料

1 「宣告」變數

想儲存某些資料時, 首先需要進行變數的宣告動作, 以前面練習的程式來說, 下列程式碼即是宣告變數的部分。

```
var answer
```

這段程式碼的功用在於宣告「名稱為 answer 的變數」, 只要在 var 的後方輸入半形空白、再加上自訂的變數名稱, 就能宣告該變數（在記憶體中留個位置準備儲存資料, 而透過變數名稱就能找到該位置的資料）。

變數在命名上, 除了 (p.3-14) 頁提到的限制外, 可以依自己的喜好來命名, 這裡的變數名稱「answer」是筆者訂的, 改成其他名稱也可以。

2 將資料「存入」變數

宣告變數之後，接下來便是將想儲存的資料存入變數中，**這個儲存資料的動作也被稱為「指定」或「指派」**（源自於英文單字 assign，請別忘了這個詞彙的意思）。

存入資料的時候，請先在變數名稱後面輸入等於符號（＝），然後在右邊加上想儲存的資料即可。等號的前後有沒有半形空白都不會影響到功能，不過本書的範例為了便於閱讀，都會在等號前後加入空白。

▼ 將資料存入變數的部分

var answer = window.prompt('是否要閱讀遊戲說明？');

在程式中輸入上述的程式碼，就會將「window.prompt('是否要閱讀遊戲說明？')」指定給變數 answer，由於 prompt 方法最後會回傳使用者輸入的文字，結果變成將文字指定給變數 answer。

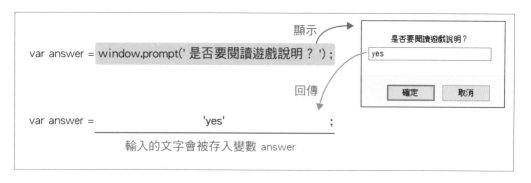

輸入的文字會被存入變數 answer

另外，本次的練習範例是將 **1** 的「宣告」、以及 **2** 的「存入」動作寫在同 1 行程式碼中，不過撰寫程式的時候不一定要這樣寫，也可以先宣告變數，然後隔幾行程式再將資料存入，後面的章節會常接觸到這樣的使用方式。

指定運算子（＝）

「＝」等號是能將其右側的資料，指定給左側變數的符號，因此被稱為「指定運算子」。您不一定要記住指定運算子這個名稱，只要記得「將右側的資料指定給左側」這件事。

▼ 指定運算子 (=) 的用途

```
左        右
answer = 'yes';
```
指定

```
                              左              右
document.getElementById('choice').textContent = new Date();
```
指定

3 從變數「讀取」資料

需要從變數讀取先前存入的資料時，只要直接使用最早宣告的**變數名稱**即可。以此次練習的程式為例，就是在 console.log()的 () 括弧內填入變數名稱 answer。

```
console.log(answer);
```

4 「改寫」變數儲存的資料

宣告之後的變數即使已經存入過資料，也可以再度改寫其中的資料，而且沒有次數的限制。想要改寫變數內的資料，只需使用與步驟 2 「存入」完全的相同語法。舉例來說，右邊的程式即是先指定「yes」給變數 answer，然後再改寫成「no」。想練習的話，拿前面完成的 index.html 程式來修改即可。

▼ 改寫變數儲存的資料

```
<script>
var answer = 'yes';
console.log(answer);
answer = 'no';        在這裡改寫
console.log(answer);   變數的資料
</script>
```

可以看到程式碼的 console.log() 同樣輸出了 answer 變數 2 次，不過第 1 次顯示 yes、第 2 次卻顯示 no 的訊息，因為中間曾經改寫過變數 answer 的資料。

▼ 程式的執行結果

● 變數的壽命

雖說變數是用來記憶資料的功能，不過 JavaScript 可以記住該變數資料的時間，僅限於「該網頁頁面呈現於瀏覽器上的期間」，也就是說，如果使用者點選超連結連到下個頁面、關閉頁面視窗、甚至把整個瀏覽器關掉的時候，變數就會被清除，也就無法再度取用其中儲存的資料。

變數的命名方式

前面曾經說明過，雖然變數的名稱有些限制條件，不過大致上可以依自己的喜好命名，而變數的名稱不僅可以使用英文字母，甚至能用中文字當作變數的名稱（不過並不建議使用中文字）。

不過變數名稱還是有下列的這些限制條件：

1. 可以使用英文字母、底線符號（＿）、美元符號（＄）以及數字，而其他符號（「-」或「=」等）則不能使用。

2. 第 1 個字不能是數字

3. 不能使用保留字

其中 3 的保留字是 JavaScript 本身的語法已經在使用的單字，或未來可能拿來使用的單字，所以不能當作變數名稱，請看下面的保留字一覽表。

▼ 保留字列表

break	case	catch	class	continue	debugger	default
delete	do	else	enum	export	extends	finally
for	function	if	implements	import	in	instanceof
interface	let	new	package	private	protected	public
return	static	super	switch	this	throw	try
typeof	var	void	while	with	yield	

這裡再列舉一些滿足命名條件、可以使用的變數名稱例子：

▼ 變數名稱的範例

可使用的變數名稱	說明
myName	不是保留字, 其中也沒有特殊符號
_style	可以使用底線符號（ _ ）
$element	可以使用美元符號（ $ ）
Item1	第 1 個字不是數字
doAction	do 雖然是保留字, 但可以和其他單字組合使用

不可使用的變數名稱	說明
1oclock	第 1 個字是數字
css-style	不能使用「 - 」
&parameter	不能使用「 & 」
do	do 是保留字

● 請注意英文字母的大小寫

2-4 節曾經說明過, JavaScript 會區分英文字母的大小寫, 如果弄錯了程式將無法正常運作, 而大小寫不同的變數名稱則會被當成不同的變數。舉例來說, 變數「myPhone」跟「myphone」會被 JavaScript 當成完全不同的 2 個變數。

實務上變數命名的原則

　　雖然變數名稱在選擇上相當自由, 不過隨便命名也不是好的做法, 例如今天撰寫完成的程式碼, 可能在幾天或幾周之後需要做些修正, 也有可能要麻煩其他人幫忙修改, 考量到這樣的狀況, 請記得變數名稱最好配合其中儲存的資料, 讓人看到名稱就能立即聯想到用途。這時候您可能會覺得有些疑惑「什麼樣的變數名稱可以讓人一目了然呢？」, 其實只要多練習、命名過一些變數之後, 應該就能體認到較佳的命名方式, 首先請試著遵守下列的規則, 學習有規律的命名方式吧！

● 不要使用單一字母的變數名稱

如果沒有特殊的理由, 請不要使用 a 或 x 之類只有單一字母的變數名稱, 因為後續維護程式的時候, 很難立刻聯想到該變數的用途。

▼ 單一字母的變數名稱

```
var a = 1;
var b = 14;
```

● 變數名稱請使用英文單字

建議採用與變數中儲存資料相關的名稱, 若是大家都知道的簡單英文單字更好, 例如:

▶ 如果是儲存總計金額的變數→total, sum

▶ 如果是電話號碼→tel, phone

▶ 如果是地址→address

如果要組合多個英文單字成為 1 個變數名稱, 建議讓第 1 個單字全部小寫, 之後的單字則以大寫字母開頭。

▼ 多個單字組成的變數名稱

```
myPhone
myAddress
addressBook
```

另外, 若是想不到適合的英文單字當作變數名稱, 並不建議查閱英文字典, 因為可能會使用到比較難懂的單字, 或選了很容易忘記其意義的名字。如果實在須要一些靈感, 可以參考下列的資料來源:

▶ Excel 等試算表軟體的函數說明清單

▶ 日常英語會話之類的書籍

▼ 命名時可以參考 Excel 的函數名稱

插入函數   ?   ✕

搜尋函數(S):

| | 開始(G) |

或選取類別(C): 最近用過函數 ▼

選取函數(N):

```
SUM
AVERAGE
IF
HYPERLINK
COUNT
MAX
SIN
```

SUM(number1,number2,...)
傳回儲存格範圍中所有數值的總和

根據變數儲存的內容切換至不同動作

在 中, 已經把使用者在對話框輸入的文字儲存到變數 answer 中, 接下來要來實作。如果變數中儲存的文字為「yes」, 畫面上將會彈出警告對話框, 除此之外的變數內容則不做任何動作。這裡會再度使用到 3-1 節用過的 if 條件句, 不過當時和這次的 if 條件句寫法略有不同。請開啟 完成的 index.html 檔案進行編輯, 先刪除「console.log(answer);」, 再添加如下的程式碼:

↓ 3-02_var/step2/index.html HTML

```
23 <script>
24 var answer = window.prompt('是否要閱讀遊戲說明?');
25 if(answer === 'yes') {
26   window.alert('觸碰螢幕便會跳躍避開障礙物。');
27 }
28 </script>
```

接著，以瀏覽器確認檔案是否能正常運作。如果在對話框中輸入「yes」、再點選**確定**按鈕，此時畫面上應該呼叫另一個警告對話框；另外若是輸入「yes」以外的文字、或點選**取消**按鈕，那麼只會看到輸入對話框被關閉而沒有任何後續反應。

▼ 輸入「yes」並點選**確定**按鈕後顯示警告對話框

 條件式的寫法

請回想一下，if 條件句（）括弧內的條件式為 true 的時候，程式將會執行緊接著（）括弧後面的{…}部分，因為這個階段希望做到變數 answer 內儲存的資料為 'yes' 的時候，才呼叫警告對話框顯示於畫面上，所以 if 條件句的（）括弧內應該填入：

若變數 answer 內儲存的資料為'yes'時，其布林值會是 true。

而想要判斷變數中儲存的資料是否為某個特定的數值（本範例為'yes'）時，可以使用 3 個等號的「===」來撰寫條件式。

===是撰寫「判斷左邊和右邊是否相同？」條件式所用的符號（這樣的符號在程式的專門用語中也被稱為「運算子（Operators）」）。如果左邊和右邊相等，此條件式的評斷結果將為 true，反之則為 false。再看一次前面剛剛寫過的 if 條件句：

```
25 if(answer === 'yes') {
```

===左邊是「變數 answer 儲存的資料」，如果和右邊的字串「'yes'」完全相同，相當於在 if 條件句 () 的括弧內填入 true，若不相等則填入 false，換句話說，如果使用者在輸入對話框中輸入 yes，條件式的評斷結果會是 true，如果輸入了其他的內容、或點選了**取消**按鈕則為 false。

 === 比較運算子（Comparison Operators）

像 === 這樣可以比較左邊和右邊的符號，在程式語言中被稱為「比較運算子」，=== 運算子的左邊和右邊相同的話，其評斷結果會是 true。

另外，雖然這裡出現的比較運算子 === 和指定運算子（=）都有使用等號，不過 === 並不具有指定、存入的功能，而 = 也沒有比較的功能，請注意這 2 者是完全不同的東西。

▼ 容易出錯的例子。下列這樣不是比較 a 與 b，所以程式不會按照預期運作

```
if(a = b) {
  console.log('a 與 b 相同！');
}
```

3-3

3-03_elseif

增加執行動作的分支項目
條件分支（else if）

這裡將對 3-2 節的範例程式進行改造，增加程式執行的分支項目，最前面判斷變數 answer 儲存的資料是否為 'yes'（條件評斷結果為 true）的部分不變，不過當條件評斷結果為 false 時，再增加 1 個 if 條件句，檢查使用者是否輸入 'no' 的文字，並顯示相對應的對話框。

▼ 本節的目標

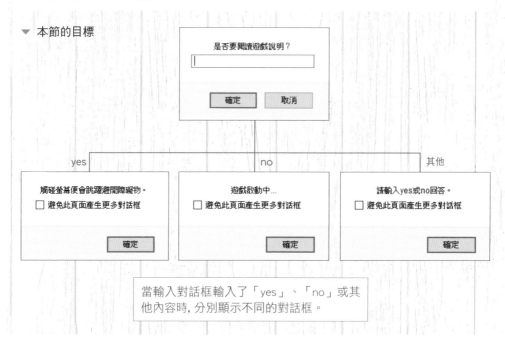

當輸入對話框輸入了「yes」、「no」或其他內容時，分別顯示不同的對話框。

step 1 判斷是否為 no

　請再次編輯 3-2 節完成的程式，增加新的 if 條件句，除了維持原本判斷變數 answer 所儲存的資料是否為 'yes' 的部分之外，另外增加判斷是否為 'no' 的部分，然後利用警告對話框顯示不同的訊息。當使用者輸入了 'yes' 和 'no' 以外的文字，出現第 3 種回應訊息。您可以直接拿前面小節完成的檔案進行編輯，本練習只需要 1 個步驟即可完成。

```
23 <script>
24 var answer = window.prompt('是否要閱讀遊戲說明？');
25 if(answer === 'yes') {
26   window.alert('觸碰螢幕便會跳躍避開障礙物。');
27 } else if(answer === 'no') {
28   window.alert('遊戲啟動中...');
29 } else {
30   window.alert('請輸入 yes 或 no 回答。');
31 }
32 </script>
```

　　完成編輯並儲存後，請以瀏覽器開啟確認程式功能，可以試著在輸入對話框中輸入各式各樣的文字，觀察回應的訊息。

▼ 程式會根據輸入「yes」、「no」或其他文字，分別顯示不同的訊息。

解說

else if

　　當 if 條件句的條件式結果為 false，程式接下來會執行 else 後面的部分，此運作機制在 3-1 節的練習中已經說明過了，不過 else 後面其實還可以再加上其他的 if 條件句，來看一下本次的 if 條件句是如何運作的吧！

3-21

▼ 本節範例的 if 條件句（省略{…}內的程式碼）

```
if(❶answer === 'yes') {
    處理程式 I ...
} else if(❷answer === 'no') {
    處理程式 II ...
} else {❸
    處理程式 III ...
}
```

　　首先, 程式會對 ❶ 的條件式進行判斷, 判斷變數 answer 中儲存的資料是否為 'yes', 如果評斷結果為 true, 程式將只會執行後面緊接的 **{處理程式 I ...}** 部分, 若為 false, 則跳到 else if 後面的地方；因為這裡又遇到了 if 條件句, 所以需要再對 ❷ 的條件式進行評斷, 請您思考一下 ❷ 條件式的可能結果, 應該是變數 answer 的儲存資料為 'no' 時, 評斷結果為 true 吧！

　　因此, 當 ❷ 的條件式為 true 的時候, 程式會執行 **{處理程式 II ...}** 的部分, 若為 false 則跳到第 2 個 else 的地方, 因為這裡沒有 if 條件句, 所以只剩執行 **{處理程式 III ..}** 的部分。

　　此次的範例使用了 2 個 if 條件句, 將程式的處理流程分成 3 個分支項目。if 條件句的數量其實是沒有限制的, 您可以視需要增加 if 條件句, 再多的程式分支處理動作都沒有問題。

3-4

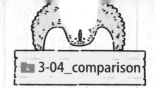

↓ 3-04_comparison

猜數字遊戲

比較運算子、資料型別

這裡來做個猜數字的遊戲吧！讓使用者可以輸入數字，然後與程式準備的答案做個比較，判斷 2 個數字是否相同，或是哪個數字比較大，對於 3-2、3-3 節已經出現過的 if 條件句，本節將進一步延伸，撰寫能夠比較大小的條件式。

▼ **本節的目標**

> 拿使用者輸入的數字、和程式準備的答案做比較，判斷 2 者間的大小關係，最後將結果呈現在對話框上。

step 1 各種比較運算子的使用方式

本節的程式將提供輸入框讓使用者輸入數字，再判斷此數字比答案大、比答案小或與答案相同，最後依照比較結果在警告對話框上回應下列的訊息：

- 相同時回應「恭喜猜對囉！」
- 使用者猜的數字比較小時回應「猜錯了！數字再大一點」
- 使用者猜的數字比較大則回應「猜錯了！數字再小一點」

與前個小節相同，此練習也僅需要 1 個步驟，請複製範例檔案的「_template」資料夾，將新複製資料夾命名為「3-04_comparison」。請在 index.html 中加入以下 2 行程式碼：

```
10 <body>
   … 省略
22 <footer>JavaScript Samples</footer>
23 <script>
24 var number = Math.floor(Math.random() * 6);
25 var answer = parseInt(window.prompt('猜數字遊戲, 請輸入 0～5 的數字：'));
26 </script>
27 </body>
```

　　簡單地說明一下您加入的這兩行程式碼有何作用。第 24 行的指令隨機產生 0～5 的數字, 然後將此數字存入變數 number 中, 也就是說, 當程式執行完此行程式碼後, 變數 number 就會儲存著 0、1、2、3、4 或 5 的其中 1 個數字。這裡先不必對 Math.floor、Math.random 太過於深究, 只要知道它是可以隨機產生數字的方法就好了, 詳細的說明請參考 4-4 節的內容。

　　第 25 行的程式則是呼叫輸入對話框, 然後把使用者輸入的文字存入變數 answer 中, 不過, 此行並非直接將文字原原本本地存入 answer, 而是先使用 parseInt 方法把文字轉換成整數後再行儲存。parseInt 的語法如下, 本節最後會再詳細介紹它。

語法 將字串轉換成整數

```
parseInt (想轉換的字串)
```

　　到這裡為止的程式碼, 已經分別在 2 個變數 number 與 answer 中存入整數數值, 接下來需要把 2 個變數儲存的數值拿來做比較。底下的 if 條件句有點長, 輸入時請多加留意。

```
23 <script>
24 var number = Math.floor(Math.random() * 6);
25 var answer = parseInt(window.prompt('猜數字遊戲, 請輸入 0～5 的數字：'));
26 var message;
27 if(answer === number) {
28   message = '恭喜猜對囉！';
29 } else if(answer < number) {
```

```
30    message = '猜錯了！數字再大一點';
31  } else if(answer > number) {
32    message = '猜錯了！數字再小一點';
33  } else {
34    message = '請輸入 0〜5 的數字喔。';
35  }
36  window.alert(message);
37  </script>
```

　　如此便完成了本節的練習程式。以瀏覽器開啟 index.html 之後，畫面上應該會立即出現輸入對話框，若輸入 0〜5 的數字再點選**確定**按鈕，程式就會以警告對話框回應「恭喜猜對囉！」或「猜錯了！數字再大一點」等訊息。

▼ 輸入 0〜5 的數字, 和程式準備的答案做比較

　　解說 if 條件句和條件式之前，先稍微說明一下 message 變數宣告的方式。

　　目前為止的練習範例，都是在宣告變數的同時立即存入資料，而這裡卻只有先做宣告變數的動作，然後相隔數行才有儲存資料的指令，請看第 26 行的「var message;」，的確只有宣告變數沒錯吧。

　　var 後面輸入半形空白與變數名稱後，再輸入代表此行結束的分號，即可不存入資料、僅做宣告變數的動作，如果變數不需指定初始值、或像此次程式要靠 if 條件句存入不同的資料等狀況，可以選擇只有宣告變數的方式。

語法　僅做宣告變數的動作

```
var 變數名稱;
```

解說

 3 種類型的條件式

是不是覺得此次的 if 條件句有點長呢？可以看到 if 和 else if 加起來總共有 3 個。為了比較容易理解程式的脈絡，請您把閱讀程式碼的重點放在條件式上吧。不論哪個條件式，其目的都是比較變數 answer 與變數 number 的大小，這裡再次提醒一下，變數 answer 儲存的整數來自使用者輸入的文字，而變數 number 當中則儲存著 0～5 的某個整數。

● if(answer === number) {

最初的條件式使用了「===」符號，這是 3-2 節曾經練習過的比較運算子，如果變數 answer 和變數 number 中儲存的資料相同的話，此條件式的評斷結果將為 true，程式會把訊息「恭喜猜對囉！」存入變數 message，若 2 者不同，則會移至下個 if 條件句。

● else if(answer < number) {

第 2 個條件式使用小於符號（<），「<」是判斷左邊資料是否比右邊資料小的符號，如果左邊資料比右邊小，其評斷結果將為 true，若左邊不小於右邊則為 false。請注意是「不小於」時為 false，所以當 2 者相同的時候，其評斷結果也會是 false。

※ 不過以此次練習所撰寫的程式來說，若左邊和右邊相同的話，最初的條件式結果就已經是 true，第 2 個條件式根本沒有執行的機會（無法做條件評斷）。

如果套上實際的數字，就會如同下面的敘述：

▶ **若 answer 為 3 而 number 為 5，條件式變成(3 < 5)，結果為 true**
▶ **若 answer 為 4 而 number 為 1，條件式變成(4 < 1)，結果為 false**

當此條件式的結果為 true 的時候，變數 message 會存入「猜錯了！數字再大一點」的字串資料。

● else if(answer > number) {

到了第 3 個條件式，這裡使用大於符號（>）來比較左邊和右邊的資料，您應該已經想到此條件式的作用了，當左邊大於右邊的時候為 true，而左邊不大於右邊的時候則為 false。如果套上實際的數字，會更容易理解：

- 若 answer 為 3 而 number 為 5, 條件式變成(3 > 5), 結果為 false
- 若 answer 為 4 而 number 為 1, 條件式變成(4 > 1), 結果為 true

所以, 此條件式的結果為 true 的時候, 變數 message 會存入「猜錯了！數字再小一點」的字串。

● === 以外的比較算子

此次的練習使用了「===」、「<」和「>」等 3 個符號, 由於這 3 個符號都是比較的性質, 因此它們被統一稱為「比較運算子」。除了此次練習所使用過的 3 個符號, 其實還有其他用途的比較運算子, 請先看一下以下的列表, 這些比較運算子的使用機率都相當高, 現在還不必全部硬記起來, 不過未來遇到「這個應該怎麼寫呢？」的時候, 請回頭參閱此表。

▼ 比較運算子一覽表（a 放在左邊, b 放在右邊）

運算子	代表意義	結果為true的例子
a === b	a 與 b **相同**時為 true	'share' === 'share' 3 + 6 === 9
a !==b	a 與 b **不相同**時為 true	'埃及的首都' !== '開羅' 40 + 6 !== 42
a < b	a **小於** b 時為 true	7 * 52 < 365
a <= b	a **小於或等於** b 時為 true	3 * 5 <= 21 3 * 7 <= 21
a > b	a **大於** b 時為 true	15 * 4 > 45
a >= b	a **大於或等於** b 時為 true	4 * 60 >= 180 1 + 2 >= 3

● 最後 else 的作用？

當前面 3 個條件式全部皆為 false 的時候, 程式將會執行最後 1 個 else 後面的{…}部分, 您能想到為什麼需要這段程式嗎？

看到此練習存入變數 message 的字串訊息, 您或許已經想到答案, 當使用者在輸入對話框中輸入了數字以外的內容, 才有可能造成 3 個條件式皆為 false 的狀況。

▼ 如果輸入非數字的文字，3 個條件式都會是 false

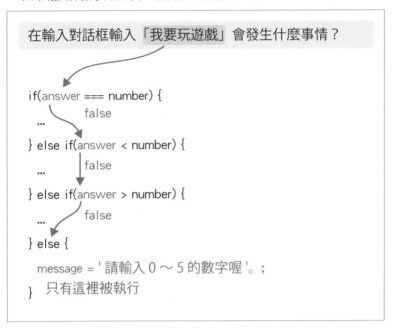

在輸入對話框輸入「我要玩遊戲」會發生什麼事情？

```
if(answer === number) {
            false
    …
} else if(answer < number) {
                false
    …
} else if(answer > number) {
                false
    …
} else {
    message = '請輸入 0 ～ 5 的數字喔'。;
}   只有這裡被執行
```

parseInt 方法的功用（兼談資料型別）

在本節最後，對於練習範例使用過的 parseInt 方法，將為您說明它的功能。首先請回想一下當時的運用方式，它位於使用者輸入的內容存入變數 answer 之前，用來轉換輸入的內容成為整數。

```
25 var answer = parseInt(window.prompt('猜數字遊戲, 請輸入 0～5 的數字：'));
```

parseInt 是能把 () 括弧內的參數「轉換成整數」的方法，對於使用者輸入到對話框中的文字，即使輸入了「3」的內容，程式接收的時候一開始並不會把它當作數字，而是視為「文字（字串）」來處理。

然而，之後的程式需要比較變數 answer 與變數 number 之間的大小關係，如果沒有先做些處理將無法繼續執行下去，因為只要有個變數儲存的不是「數值」，程式就無法進行比較，因此使用 parseInt 方法將輸入的內容轉換成數值（整數），才能進行比較大小的動作。

● 資料型別

JavaScript 中會使用到的資料，有文字組成的字串、數字組成的數值、true 和 false 的布林值、以及其他形式的各種資料，而這些字串、數值、或布林值等資料的類型就被稱為「**資料型別**」。

按照資料的類型，也就是所謂的資料型別，其運用的地方也都不盡相同，例如：

▶ 數值與數值可以進行加法運算等數學計算，而字串則無法做到

▶ 數值與數值可以比較大小關係，而字串則無法做到

▶ 字串與字串可以進行合併，數值與數值無法這樣處理

像是此次的練習程式，想把變數與變數放在一起做些處理動作的時候，如果維持原本的狀態無法達成想要的效果，就需要進行資料型別的轉換。

3-5

按照時間顯示不同訊息

邏輯運算子

目前為止的 if 條件句,條件都是「如果○○等於△△」或「如果××比□□大」這種型式,那麼像是「時間在晚上 7 點之後到 9 點前」以及「早上 9 點或下午 3 點的時候」這樣的條件式應該如何撰寫呢?

此次將練習把 2 個以上的條件式合而為一,範例會根據使用者開啟網頁的時間,分別回應不同的訊息。

▼ 本節的目標

按照網頁被開啟的時間點,分別顯示不同訊息的對話框。

STEP 1 將 2 個以上的條件式合併成 1 個

本節的範例不單純只是開啟網頁時在畫面上顯示警告對話框, 還必須按照當時的時間顯示不同的訊息, 不同時間點所顯示的訊息如下:

● 晚上 7 點之後到 9 點前顯示「現在便當打 7 折!」

● 早上 9 點和下午 3 點的時候顯示「現在便當買 1 送 1 喔!」

● 其他時間則顯示「客人要不要買個便當?」

▼ 網頁開啟時間與顯示的訊息

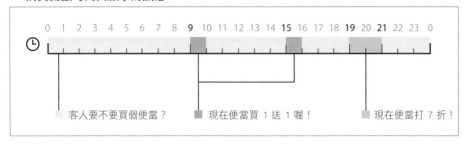

接下來實際動手寫寫程式吧，請從複製「_template」資料夾開始，並且將新複製的資料夾命名為「3-05_logical」。

↓ 3-05_logical/step 1/index.html ▌HTML

```
10 <body>
   … 省略
22 <footer>JavaScript Samples</footer>
23 <script>
24 var hour = new Date().getHours();
25
26 if(hour >= 19 && hour < 21) {
27   window.alert('現在便當打 7 折！');
28 } else if(hour === 9 || hour === 15) {
29   window.alert('現在便當買 1 送 1 喔！');
30 } else {
31   window.alert('客人要不要買個便當？');
32 }
33 </script>
34 </body>
```

🐛 第 28 行「|」的輸入方法

在程式的第 2 個 if 條件句，需要連續輸入 2 個「|（vertical bar, 豎線）」符號，只需按鍵盤上的 [shift]＋[\] 按鈕即可輸入。

完成後以瀏覽器開啟 index.html，此時畫面上應該會立即顯示警告對話框，而且按照開啟時間的不同，警告對話框上的訊息也會隨之改變。

| 晚上 7 點之後到 9 點前 | 早上 9 點和下午 3 點的時候 | 其他時間 |

為了取得網頁開啟當時的時間, 這裡再次使用 2-4 節曾經出現過的「new Date()」, 而且還在其後接續使用名為「.getHours()」的方法。此方法會在後面 4-2 節詳述, 這裡只需知道它能取得網頁開啟當時的「時刻」(24 小時制), 方便我們將目前是幾點鐘的數值存入變數 hour 中。

換句話說, 變數 hour 儲存著 0～23 的整數數值, 此數字代表了網頁開啟當時的時刻, 請先記這件事情再繼續看下去

將多個條件式合併成為 1 個

● && 運算子

首先請回想一下便當可以打 7 折的時間, 前面是設定晚上 7 點之後到 9 點前這樣的條件, 也就是說變數 hour 儲存的數值必須滿足下列的敘述:

變數 hour 的數值大於或等於 19、而且比 21 小

請看一下判斷此條件是否成立的 if 條件句, 它是程式中的第 1 個 if 判斷句, 位於第 26 行的位置。

```
26  if(hour >= 19 && hour < 21) {
```

&& 運算子在「左邊的條件式為 true、**而且**右邊的條件式也為 true」的時候, 其評斷結果才會是 true。而這裡使用的 >= 和 < 都是在 3-4 節介紹過的比較運算子。

先看 && 運算子左邊, 條件式是「hour >= 19」, 也就是說, 當「變數 hour 儲存的數值大於或等於 19 的時候」結果為 true。

再看右邊，條件式是「hour < 21」，當「變數 hour 的數值小於 21 的時候」結果為 true。只有以上 2 個條件式的結果皆為 true 的時候，全體的評斷結果才會是 true，讓程式執行緊接其後的{…}部分，因此，唯有網頁開啟的時刻在晚上 7 點之後到 9 點前，畫面上的警告對話框才會寫著「現在便當打 7 折！」。

語法 && 運算子

條件式 1 && 條件式 2

● ‖ 運算子

再來是思考訊息變成「便當買 1 送 1」的條件，當時間為早上 9 點或是下午 3 點的時候，也就是變數 hour 的數值必須滿足下列的敘述：

變數 hour 的數值等於 9 或 15

而判斷此條件是否成立的 if 條件句，即是第 28 行 else 後面的 if 條件句：

```
28 } else if(hour === 9 || hour === 15) {
```

‖ 運算子在「左邊或右邊的條件式**至少有** 1 個為 true」的時候，其評斷結果為 true。以程式第 28 行的 if 條件句來說，當變數 hour 儲存的數值為「9 或是 15」的時候，會得到 1 個 true 的結果，讓整個 if 條件句獲得 true 的評斷結果，此時程式會執行緊接其後的{…}部分，顯示寫著「現在便當買 1 送 1 喔！」的對話框。

語法 ‖ 運算子

條件式 1 ‖ 條件式 2

下表再把 ‖ 的評斷情況整理一下：

▼ 當左右邊條件式分別為 true 或 false 時, ||的評斷結果

左邊	右邊	|| 的評斷結果
true	true	true
true	false	true
false	true	true
false	false	false

● && 和 || 是「邏輯運算子」

&& 與 || 被稱為邏輯運算子（和比較運算子相同, 不必特意把名稱記起來）, 另外還有 1 個邏輯運算子, 那便是 ! 運算子。

語法 ! 運算子

```
!條件式
```

如果在某個條件式前面冠上「!」符號, 那麼當此條件式原本的評斷結果為 false 時, 最後反而會變成 true, 7-2 節會介紹它的用法, 現在簡單知道就好。

▼ 邏輯運算子一覽表（a 與 b 皆為條件式）

運算子	代表意義
a && b	a 和 b **皆為 true** 時, 整體評斷結果為 true
a || b	a 和 b **至少有 1 個為 true** 時, 整體評斷結果為 true
!a	a 為 **false** 時, 評斷結果為 true

3-6

↓ 3-06_for

在畫面上輸出 1 張、2 張、3 張⋯

迴圈（for）

本節將會介紹程式的「迴圈」。所謂的迴圈, 就是讓電腦重複執行相同的處理動作, 而 JavaScript 也具有執行迴圈的相關語法。迴圈有好幾種型式, 以下將使用最常見的 for 迴圈。

▼ 本節的目標

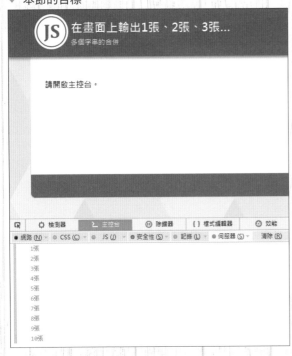

在主控台中連續輸出「1 張」、「2 張」、「3 張」⋯到「10 張」的訊息。

step 1 嘗試看看迴圈功能

為了讓您能確實掌握「迴圈」的功能, 首先請試著在主控台中連續輸出 1～10 的數字。您當然可以使用像是下面程式碼的方式, 直接寫 10 次 console.log 方法來達成想要的效果⋯。

```
<script>
console.log(1);
console.log(2);
console.log(3);
console.log(4);
console.log(5);
console.log(6);
console.log(7);
console.log(8);
console.log(9);
console.log(10);
</script>
```

　　不過，像這樣逐條輸入相似程式碼的方式有點麻煩，這種狀況便是迴圈登場的最佳時機。首先請跟著下列的程式碼動手寫寫看。在此之前別忘了複製「_template」資料夾，並且把新的資料夾命名為「3-06_for」，然後將寫在其中的index.html 檔案。

↓ 3-06_for/step1/index.html ｜HTML

```
10 <body>
   … 省略
22 <footer>JavaScript Samples</footer>
23 <script>
24 for(var i = 1; i <= 10; i = i + 1) {
25   console.log(i);
26 }
27 </script>
```

　　完成後開啟瀏覽器與主控台，確認 index.html 的運作狀況，應該可以看到 1～10 的數字。

▼ 在主控台輸出 1～10 的數字

您已經了解到 for 迴圈做了什麼事情嗎？即使目前看不懂 for(…)這個部分的意義，應該也看到 console.log(i); 已經重複執行 10 次了吧。

重複執行的 for 迴圈

for 迴圈會遵照指定的次數，重複執行後面 {…} 內的程式碼，而執行的次數是按照 for 後面 () 括弧的內容所決定。先來介紹整個 for 迴圈的格式語法，如同下圖所示，for 迴圈的 () 括弧中必須以**分號**隔開，依序填入❶[**初始化**]、❷[**迴圈的條件**]以及❸[**每次執行後的動作**]等內容。

▼ for 迴圈的語法與基本結構

```
                ❶ 初始化  ❷ 迴圈的條件  ❸ 每次執行後的動作

for ( var i = 1 ; i <= 10 ; i = i + 1 ) {
        console.log(i);
}
                                    ❹ 執行內容
```

在 for 迴圈的語法中，並非直接指定重複執行的次數，而是必須活用 ❶、❷、❸ 設定出重複執行的條件。

首先是❶[**初始化**]的部分，此處寫入的內容，只會在實際開始執行迴圈前執行 1 次，練習範例所填入的內容如下：

```
var i = 1
```

此段程式碼本身相當簡單吧！只有宣告了變數 i 並且存入數值 1，此變數 i 在迴圈的條件中扮演了非常重要的角色；而一般 for 迴圈的使用方式，幾乎都會在 ❶[**初始化**]的地方宣告變數，並且在開始執行迴圈前存入初始值。

接下來的 ❷[**迴圈的條件**]部分，當中寫著是否要執行 ❹ 的判斷條件，在練習範例中是這樣寫的：

```
i <= 10
```

也就是說, 當變數 i 儲存的數值小於或等於 10 的時候, 此條件式結果為 true, 將會執行 ❹ 的部分;而當變數 i 的數值大於 10 的時候為 false, 不會執行 ❹ 的部分。

最後 ❸[**每次執行後的動作**]指令, 則是每次執行完 ❹、進入下一輪迴圈前的動作, 練習範例中是這樣寫的:

```
i = i + 1
```

這個指令的作用在於「**將變數 i 的數值加 1 再回存到變數 i**」, 因此, 第 1 次執行 ❹ 的迴圈內容前, 變數 i 原本儲存的數值為 1, 而執行完第 1 次之後, 變數 i 的數值會變成 1+1=2。

到此為止, 已經為您說明迴圈第 1 次執行的過程, 接下來迴圈會反覆進行下面的程序:

① 利用❷的條件式判斷是否要執行迴圈內容

② 如果❷的條件式為 true, 則執行❹的迴圈內容

③ ❹執行完畢後, 執行❸的部分

在練習程式中, 每執行完 1 次迴圈內容, 變數 i 的數值也會加 1, 當變數 i 的數值增加到 11 的時候, 因為超過了❷所設定的限制條件, 整個迴圈重複執行的過程到此結束, 而重複的總計次數為 10 次。

▼ 迴圈執行次數與變數 i 的變化

```
for(var i=1; i<=10; i=i+1) {
    console.log(i);
}
```

次數	i	i<=10	迴圈執行後
1	1	true	i=2
2	2	true	i=3
...			
10	10	true	i=11
11	11	false	結束

● 在迴圈執行內容中活用變數 i

本範例變數 i 的用途除了控制迴圈執行的次數, 我們也在迴圈執行內容 console. log (i) 中用上了此變數, 讓每次迴圈執行的動作都略有不同。

在練習的程式中, console.log() 直接指定了變數 i 當作參數, 「console.log(i);」 這樣的指令, 第 1 次執行迴圈的時候會輸出 1、第 2 次執行迴圈的時候會輸出 2…, 就這樣完成 1～10 數字的輸出。像這樣在迴圈執行內容中利用原為迴圈條件 的變數, 是很常見的技巧, 請一定要記住這樣的方式。

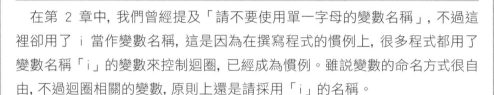

為何要用 i 當變數名稱?

在第 2 章中, 我們曾經提及「請不要使用單一字母的變數名稱」, 不過這 裡卻用了 i 當作變數名稱, 這是因為在撰寫程式的慣例上, 很多程式都用了 變數名稱「i」的變數來控制迴圈, 已經成為慣例。雖說變數的命名方式很自 由, 不過迴圈相關的變數, 原則上還是請採用「i」的名稱。

step 2 多個字串的合併

請變更 step 1 程式碼的 2 個地方, 其一是將 for 迴圈的 ❸ [**每次執行後的動作**], 改成另外 1 種寫法, 還有修改輸出至主控台的訊息, 在 1～10 數字後面加上 「張」的單位, 看起來比較像是在計算車票或其他物品。雖然這 2 個地方跟迴圈 的運作方式沒有什麼直接關係, 卻也是必須了解的功能, 所以在這裡做個練習。

↓ 3-06_for/step2/index.html `HTML`

```
23 <script>
24 for(var i = 1; i <= 10; i++) {
25   console.log(i + '張');
26 }
27 </script>
```

請以瀏覽器開啟修改完成的 index.html 檔案, 並打開主控台觀察執行狀況, 此時 輸出的訊息應該會變成「1 張、2 張、3 張…」。

▼ 主控台中輸出了 1 張、2 張、…10 張

 解　說

++ 運算子

此階段改寫了 2 個地方, 也就是 for 迴圈的 ❸[**每次執行後的動作**] 部分, 以及在主控台輸出的訊息加上「張」, 雖然這 2 者之間沒有相關性, 不過都是經常被使用的重要功能。

首先請看到 ❸[**每次執行後的動作**] 這個部分, 在改寫前與改寫後, 您有看到迴圈的執行結果發生什麼變化嗎? 除了加上「張」的單位之外, 此程式的執行結果並沒有差別, 改寫前、後的結果是一樣的。

▼ 改寫前與改寫後

$i = i + 1 \rightarrow i++$

前個階段所撰寫 for 迴圈的 ❸[**每次執行後的動作**], 改寫之前是「將變數 i 的數值加 1 再回存到變數 i」, 也就是迴圈每執行 1 次, 變數 i 的數值也跟著加 1, 而本階段所改用的寫法其實也具有相同的功能, 迴圈每執行完 1 次, 也讓變數 i 的數值加 1。

本書到目前為止並沒有特別說明 + 號的作用, 這裡介紹也不晚, 此記號代表了「加法運算」的功能。

語法 進行加法運算

數字 + 數字

此次所改採的寫法是使用連續 2 個 + 號的 ++，這其實也是個運算子，能讓寫在它前面或後面的變數數值「加 1」，其名稱為遞增（Increment）運算子。

語法	變數內儲存數值加 1

變數++
++變數

++ 運算子可以寫在變數名稱之前、也可以寫在變數名稱之後，雖然嚴格來說 2 者的效果有些差異，不過目前把它們當成大致相同的功能即可。

 ## 字串合併

+ 號除了可以讓數字與數字做相加的動作之外，還具有另外 1 項功能，那便是將字串與字串連在一起，合併成新的字串。像這樣連結字串的功能，可以稱之為「字串串連」或「字串合併」（String Concatenation）

此次 log 方法的參數已經改寫成如右的指令：　　　`console.log(i + '張');`

如此一來，變數 i 的數值（1、2、3…）便會與「張」連在一起，輸出成下面的樣子：

```
1 張 ──────── 第 1 次的迴圈
2 張 ──────── 第 2 次的迴圈
3 張 ──────── 第 3 次的迴圈
…省略
```

+ 號前後都是數值的時候，JavaScript 會將它當成加法運算子，若遇到其他的狀況，則會當作字串合併的功能來處理，如果把「感覺這個和這個應該不能相加吧」的 2 個東西用 + 號相連時，可以預期到結果一定是文字合併。

▼ 加法運算與字串合併的例子

程式碼	+ 號的功能	結果
console.log(16 + 70);	加法運算	86
console.log(name + '公司');	字串合併	旗標公司[1]
console.log((16 + 70) + '個');	加法運算、字串合併	86個[2]

[1] name 是變數，其中已經儲存著'旗標'　　[2] 程式會優先計算紅色括弧 ( ) 內的算式

3-7

在主控台中玩對決怪獸遊戲

迴圈（while）

3-07_while

這次來寫個有點像是電玩遊戲的範例程式吧！有隻體力為 100 的怪獸現身, 準備和身為勇者的您來場戰鬥, 勇者的攻擊力每回合可以造成 30 點以下的傷害, 而戰鬥將持續到怪獸的體力變成 0 為止。或許您覺得把戰場設定在主控台有點無聊, 不過現實世界中的勇者(您) 征服了上一節的 for 迴圈之後, 正在努力挑戰本節的 while 迴圈, 提升撰寫程式的經驗值！

▼ 本節的目標

讀取頁面後, 畫面上會出現警告對話框, 提示與怪獸的戰鬥正要開始, 然後將戰鬥狀況顯示在主控台中。

step 1 使用 while 迴圈

對於等一下將要開始製作的遊戲, 先說明其遊戲規則。

1. 怪獸的體力值為 100, 必須把它降為 0
2. 您每回合的攻擊力最大 30 點, 實際的數字是隨機決定的
3. 您每回合的攻擊力等於怪獸減少的體力
4. 怪獸的體力低於 0 以前, 重複執行 2 和 3 的步驟

以上的規則要如何轉化成程式碼, 請您在動手撰寫前先思考一下。

　　首先, 為了記錄怪獸的體力, 需要宣告變數並預先存入 100 的數值, 這個步驟您應該已經相當熟悉了吧。

　　再來便是重複執行迴圈的部分, 一開始以隨機方式取得小於或等於 30 的整數, 當作您的攻擊力數值, 此數值與怪獸的體力需要 2 個不同的變數儲存, 然後在怪獸的體力小於 0 之前, 不斷反覆執行「怪獸的體力 - 您的攻擊力」的動作。

　　您可以理解這樣的程式大致流程嗎？接下來就實際動手寫寫看吧！請從複製範例檔案的「_template」資料夾開始, 並且把新複製的資料夾命名為「3-07_while」。本範例設定怪獸的體力值儲存於變數 enemy 中, 而您每個回合的攻擊力為變數 attack, 請先完成迴圈以外的程式碼：

List ⬇ 3-07_while/step1/index.html `HTML`

```
10 <body>
   … 省略
22 <footer>JavaScript Samples</footer>
23 <script>
24 var enemy = 100;
25 var attack;
26
27 window.alert('戰鬥開始!');
28 </script>
29 </body>
```

然後撰寫迴圈、以及戰鬥終了時輸出訊息的部分：

List ⬇ 3-07_while/step1/index.html `HTML`

```
23 <script>
24 var enemy = 100;
25 var attack;
26
27 window.alert('戰鬥開始!');
28 while(enemy > 0) {
29   attack = Math.floor(Math.random() * 31);
```

```
30    console.log('怪獸受到' + attack + '點的傷害!');
31    enemy = enemy - attack;
32 }
33 console.log('打倒怪獸了!');
34 </script>
```

　　如此便完成了這個程式。請在瀏覽器上打開主控台功能，確認一下 index.html 的功能，最初應該會先跳出警告對話框，點選**確定**按鈕後開始戰鬥，戰況會輸出至主控台中，如果看到最後的「打倒怪獸了！」訊息，恭喜您已經順利完成此遊戲。

▼ 在主控台中顯示與怪獸戰鬥的狀況

　　迴圈每次會隨機決定出小於或等於 30 的整數，並存入變數 attack 中，此隨機選出整數的做法與 3-4 節介紹過的方式相同。Math.random 的功用是隨機取 0~1 之間的數值 (不包含 1)，之後乘上 31，再利用 Math.floor 取整數的部份，就會得到小於或等於 30 的數值，並指派給 attack 變數了。

　解 說

　while 迴圈

　　前個小節的 for 迴圈已經介紹過，所謂的「程式迴圈」就是讓程式重複執行相同的處理動作，從主控台輸出的結果來看，可以知道這裡已經利用while 迴圈執行多次相同的程式。

　　接下來說明一下 while 迴圈的使用方式及語法。當 while 迴圈 () 括弧內的條件式為 true 時，便會重複執行{…}內的程式碼。

語法　while 迴圈

```
while(條件式) {
  //此處會重複執行
}
```

此次的練習程式中, while 迴圈的條件式如下：　`28 while(enemy > 0) {`

當變數 enemy 的數值大於 0 的時候, 此條件式的結果為 true, 也就是說, 假如怪獸的體力大於 0 時, 程式會重複執行 {…} 內的處理程式。

再來請看一下 {…} 內的程式碼, 第 29 行的程式如同先前的說明, 將 0～30 的數字存入變數 attack 中, 而第 30 行則是戰鬥狀況的報告, 範例程式是這樣寫的：

`30 console.log(' 怪獸受到' + attack + '點的傷害！');`

這裡使用了前個小節介紹過的字串合併做法, 將戰況報告的訊息輸出至主控台, 在「怪獸受到」的字串後面, 附上變數 attack 中儲存的數值、以及「點的傷害！」字串。舉例來說, 如果此回合您的攻擊力為 20 的話, 程式便會輸出「怪獸受到 20 點的傷害！」這樣完整的訊息。

接下來是整個迴圈中最重要的第 31 行：　`31 enemy = enemy - attack;`

在這個地方, 程式會把變數 enemy 中儲存的數值減去變數 attack 中儲存的數值, 然後回存至變數 enemy 中, 以實際的例子來說, 假設第 1 次執行此迴圈時, 您取得的攻擊力為 20, 那麼變數 enemy 將被存入 100-20=80 的結果數值。- 號在本書首次登場, 它單純就是減法運算的功能。

到此為止, 迴圈完成了第 1 輪的處理程序, 之後 while 迴圈會回到整個迴圈的第 1 行, 重新判斷 () 括弧內的條件式, 這時怪獸的殘存體力為 80, 條件式仍然為 true, 程式便會進入第 2 回合的戰鬥。

因為變數 enemy 的數值只會持續減少, 總會有降到 0 以下的時候, 而這正是迴圈結束的時刻, 程式會繼續執行 while 迴圈之後的「console.log('打倒怪獸了！');」指令。

for 迴圈與 while 迴圈的差異

前個小節中使用 for 迴圈的練習程式,以及這裡使用 while 迴圈的練習程式,雖然同樣都是運用迴圈運作,不過兩者有個很重要的不同之處,您知道那是什麼嗎?

那就是「**是否在最初就決定了迴圈的次數**」。

例如前個小節使用 for 迴圈的練習程式,在開始執行迴圈內容前,其實就已經決定了「重複執行 10 次」這件事。

▼ 在 3-6 節的程式中,由條件式和變數 i 可以知道迴圈會執行 10 次

```
for(var i = 1; i <= 10; i++) {
…省略
}
```

而在本次的練習程式中,唯有執行到最後才能得知迴圈的次數,因為每個回合會隨機決定變數 attack 的數值,也許某個回合的攻擊對怪獸產生 30 點的傷害,也有可能出現 0 點的損傷,如此一來,不知道什麼時候怪獸的體力(變數 enemy)才會降至 0 以下。在迴圈終了前,也就是 while 的()括弧內條件式變成 false 之前,迴圈到底會執行幾次是無法得知的。

▼ 根據 attack 的數值,迴圈次數會隨之改變

如同實作練習的程式,如果可以事先確定迴圈需要執行的次數,採用 for 迴圈是比較方便且容易撰寫的方式;相對於此,如果無法預測迴圈需要執行的次數,while 迴圈則較為適合。

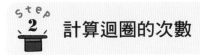 計算迴圈的次數

接下來再對此次的範例程式做些修飾吧！請稍微修改一下程式碼，在打倒怪獸的同時，改變最後輸出的訊息，加上戰鬥總共進行多少回合的資訊。此階段還會學到 -= 運算子的使用方法。

 ⬇ 3-07_while/step2/index.html **HTML**

```
23 <script>
24 var enemy = 100;
25 var attack;
26 var count = 0;
27
28 window.alert('戰鬥開始！');
29 while(enemy > 0) {
30   attack = Math.floor(Math.random() * 30);
31   console.log('怪獸受到' + attack + '點的傷害！');
32   enemy -= attack;
33   count++;
34 }
35 console.log('在第' + count + '回合打倒怪獸了！');
36 </script>
```

將前面的程式碼如紅字修改

程式完成後，若以瀏覽器確認其執行結果，戰鬥終了的時候，應該可以看到最後的訊息已經加上「在第○回合打倒怪獸了！」的敘述。

▼ 顯示在第幾回合打倒怪獸

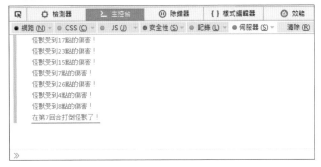

為了計算迴圈執行的次數，這裡另外宣告了新的變數 count，並且預先存入 0 的數值，之後每當 while 迴圈執行 1 次，便以「count++;」指令讓它的數值加 1，如此就能知道迴圈總共執行了幾次。

解說

 -= 運算子

除了計算迴圈執行的次數之外，此階段還改寫了程式的 1 個地方。

▼ 改寫前與改寫後

enemy = enemy - attack; → enemy -= attack;

這兩種寫法的執行動作是一樣的，都是拿變數 enemy 儲存的數值減去變數 attack 儲存的數值，然後將計算的結果數值回存至變數 enemy。

這裡使用的-=符號，是將**左邊數值減去右邊數值**的運算子，假設變數 enemy 的數值為 100、變數 attack 的數值為 20，那麼 100-20=80 的結果數值將會存入 enemy 中。

> **語法** -= 運算子
>
> ## 左邊的數值 -= 右邊的數值

使用-=運算子的目的，純粹只是為了能夠減少需要輸入的文字數量，進而降低打字發生錯誤的機率，如果覺得用起來不太習慣，其實也不必勉強自己一定要採用此種寫法，不過，別人撰寫的程式可能會出現此運算子，不能不知道它的存在。

到本節的實作練習為止，已經介紹過+、-、++、以及 -= 等為了計算數字而產生的運算子，而計算相關的運算子，本書將彙整至後面的 3-9 節統一介紹。

小心無窮迴圈！

無論 for 迴圈或 while 迴圈，只要當中的條件式結果為 true，便會持續執行相同的處理動作，如果您不小心輸入錯誤的程式碼、或是預先設想的流程有誤，讓迴圈的條件式一直維持在 true 的狀態下，那將是相當麻煩的狀況，因為迴圈的重複執行動作永遠不會停止，有可能讓整個瀏覽器完全停頓、無法再執行任何操作。

舉例來說，下面的例子來自 3-6 節的範例程式，不過原本應該寫著「i++」的地方，不小心打成了「i+1」，小小的差異就產生了「不會停止的迴圈」。

▼ 「無窮迴圈」的程式碼實例（除了測試之外，請勿輕易嘗試！）

```
for(var i = 1; i >= 10; i+1) {
  console.log(i + '張');
}
```

　　這樣永遠不會停止的迴圈被稱為「無窮迴圈」，運氣比較好的時候，瀏覽器也許會跳出類似下面圖片的對話框，讓您結束執行時間過久的 JavaScript 程式，不過瀏覽器也有可能就這樣當掉。

▼ 可以終止無窮迴圈的對話框

　　當瀏覽器陷入完全沒有回應的狀態時，就只剩將它強制終止的手段，因此，在嘗試迴圈的各種寫法之前，請最好先了解一下強制終止應用程式的方法。如果作業系統是 Windows，請按下 Ctrl + Alt + Delete 按鍵以開啟工作管理員，Mac 系統則是按下 ⌘ + option + esc 按鍵，在開啟的視窗中點選已經處於停頓狀態的瀏覽器，然後再點選**結束工作**或**強制結束**按鈕。

▼ 強制結束程式的視窗

工作管理員（Windows）　　　　　強制結束應用程式（Mac）

3-8

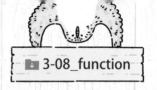

計算商品含稅價格

函式

假設有台原價 8000 元的咖啡機，為了想放在電子商務網站上販售，需要計算其包含營業稅額的價格，然後呈現在網頁上。本節就要練習用函式（function）來撰寫這個功能。

▼ 本節的目標

> 計算商品的含稅價格，然後顯示在網頁頁面上。

step 1 撰寫、呼叫函式

所謂的**函式**，就是彙整經常執行的處理動作而成的小型副程式（主要程式內含的迷你程式），需要執行相同的動作時，只需呼叫函式即可、不必重複撰寫相同的程式碼，另外也有人稱之為「函數」，不過本書之中統一使用「函式」的名稱。

接下來請試著撰寫您的第 1 個函式吧！請由複製「_template」資料夾的步驟開始，並且將複製出來的新資料夾命名為「3-08_function」。接下來撰寫的函式，是個可以將商品原本價格乘上營業稅率（5%）、計算出含稅價格的迷你程式。雖然函式的名稱可以自行設定，不過這裡命名將之為「total」。

```
10 <body>
   … 省略
22 <footer>JavaScript Samples</footer>
23 <script>
24 var total = function(price) {
25   var tax = 0.05;
26   return price + price * tax;
27 }
28 </script>
```

　　如此便完成了能夠計算含稅價格的 total 函式, 不過以瀏覽器開啟此 index.html
檔案確認功能時…咦? 無論在 HTML 頁面上或主控台中, 都看不到任何的變化, 不
過這也是理所當然的, 因為程式碼中還沒有呼叫函式的動作, 沒有任何動靜是很正
常的; 再來請試著加入新的程式碼呼叫此函式, 讓函式計算原價 8000 元咖啡機的
含稅價格, 並且將計算的結果輸出至主控台中。

```
23 <script>
24 var total = function(price) {
25   var tax = 0.08;
26   return price + price * tax;
27 }
28
29 console.log('咖啡機的價格為' + total(8000) + '元 (含稅) 。');
30 </script>
```

　　此時再度開啟瀏覽器以及主控台, 確認 index.html 的運作狀況, 應該已經可以看
到主控台中出現「咖啡機的價格為 8400 元 (含稅) 。」的訊息, 而「8400」的
部分正是 total 函式計算的結果。

▼ 在主控台顯示原價 8000 元咖啡機的含稅價格

解 說

 函式的基本運作模式

　　函式會先接收（）括弧內的參數，經過某些加工動作後，將處理結果回覆給原來呼叫此函式的地方。以這裡的 total 函式來說，它先接收了咖啡機原本價格的參數，計算營業稅額之後，最後將含稅價格回覆至呼叫此函式的地方。

▼ 函式的基本處理流程

函式的模式	此 total()的狀況
接收參數	接收原本價格（8000）
進行某些加工動作	計算 8000＋營業稅
將結果回覆至呼叫的位置	將結果（8400）回覆至呼叫位置

　　在第 1 章中曾經說明過，JavaScript 程式的本質為「輸入→加工→輸出」，從某個地方取得資料、經過加工的步驟、然後輸出至 HTML 等處，而目前為止所撰寫過的練習程式，大致上都遵循了這樣的處理流程。

　　這裡使用的函式，也實現了「輸入→加工→輸出」。同樣先取得輸入的資料、進行某些加工處理的動作、再以回傳值的方式輸出最後結果，依然遵守了 JavaScript 程式的基本原則，或許可以將函式比喻成小型的輸出入機器。

 解 說

 呼叫使用函式

　　接下來，將為您說明如何呼叫撰寫完成的函式、發揮它的功能。

　　首先請看一下呼叫函式的方法，語法其實相當簡單：

> **語法** 呼叫函式
>
> 函式名稱（需傳遞的參數）

在本次的練習程式中, 我們預先撰寫了 1 個名為 total 的函式, 因此, 只要在程式碼中使用 **total()** 即可呼叫該函式。此外, () 括弧內還必須填入函式所需的參數, 因為 total 函式需要商品原本的價格方能計算含稅價, 所以範例程式碼中直接填入了咖啡機的價格「8000」。也就是説, 寫成 **total(8000)** 這樣的格式即可, 如此一來, 函式便會將計算的結果以回傳值回覆, 用含稅價格取代原本呼叫函式的語句。

▼ 函式的呼叫與回傳值

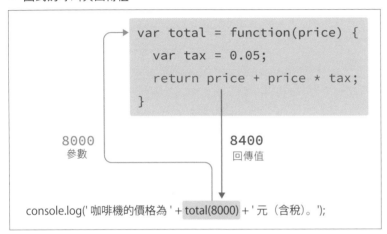

最後, console.log 方法會將「咖啡機的價格為 8400 元（含稅）。」的訊息顯示在主控台中。

 ## 函式的撰寫方式

呼叫函式的方法介紹完了, 接著就是重頭戲, 來説明函式的撰寫方法吧。函式的基本格式如下:

語法	函式的撰寫方式

```
var 函式名稱 = function(需傳遞的參數) {
      具體的處理程式碼
};
```

在函式名稱的的地方, 必須替函式取個名稱以便之後呼叫使用, 如同變數的名稱可以自由決定, 函式的名稱也能視需求自行設定, 不過有些限制與 3-2 解説過的「變數命名的限制條件」相同。

為了儲存呼叫此函式時所使用的參數，必須在 function 後面的（）括弧中填入自訂的變數名稱。以本次的範例為例，採用了 price 的變數名稱，而執行的時候，呼叫 total 函式時所傳遞的參數（原始價格8000），會儲存至變數 price 中。

另外請特別注意一下，**此變數 price 的有效範圍，僅限於緊接在 function() 後面的{…}內**，而在 total 函式以外的地方，price 會被當成未宣告的變數。

▼ 變數 price 的有效範圍

```
var total=function(price) {
   price 只能在此範圍中使用
}
```

● 函式{…}部分的內容

接下來請看一下函式的核心部分，也就是實際執行加工動作的{…}內部程式碼，一開始先宣告了變數 tax，並且存入 0.05 的數值，此 0.05 為營業稅稅率。

```
25 var tax = 0.05;
```

下一行寫著 return 的指令：

```
26 return price + price * tax;
```

return 是具有「回傳數值」功能的命令，它會將右邊的資料—範例程式中為「price + price * tax」的計算結果回傳至**呼叫函式的地方**。另外，當程式執行到 return 命令時，函式的處理過程也到此為止，程式會回到呼叫函式的地方繼續執行。

這裡也簡單說明一下回傳的內容（return 右邊的部分）吧，此數學計算式的用途其實就是計算含稅的總計金額。

```
price + price * tax
```

　　*號是代表「乘法」的符號，在 JavaScript 程式中，乘法與除法運算的優先權高於加法與減法運算，程式會先計算乘法以及除法運算，此點和算術的規則相同。

● **函式必須寫在呼叫之前**

　　接著來說程式的撰寫順序，以「var 函式名稱 = function() {」開頭的函式宣告以及內容，必須寫在呼叫此函式**之前**的位置。如果函式的宣告與呼叫處的先後順序顛倒，程式將會出現錯誤而無法順利執行。

▼ 函式不能在呼叫之後才做宣告

```
var total=function(price) {
  ...
}                                       ○ 在呼叫前先宣告函式

console.log(' 咖啡機的價格為 ' + total(8000) + ' 元（含稅）。');

var total=function(price) {
  ...
}                                       ✕ 不能寫在呼叫後面
```

step 2 輸出至 HTML

到了這個階段，請試著把含稅的合計價格輸出至 HTML 吧，這裡需要運用到 2-4 節曾經練習過的方式。首先在 index.html 的<section>～</section>之間新增<p>標籤，並且在新增的<p>標籤中加上內容值為「output」的 id 屬性。

↓ 3-08_function/step2/index.html `HTML`

```
18  <section>
19    <p id="output"></p>
20  </section>
```

現在為了能將文字輸出至新增的<p>與</p>之間，需要在程式的部分增加新的程式碼。您還記得如何改寫 HTML 元素的內容嗎？請回頭看一下 2-4 節的範例程式，如果覺得自己能寫得出來，請盡量先自己寫寫看。

↓ 3-08_function/step2/index.html `HTML`

```
23  <script>
24  var total = function(price) {
25    var tax = 0.08;
26    return price + price * tax;
27  }
28
29  console.log('咖啡機的價格為' + total(8000) + '元（含稅）。');
30  document.getElementById('output').textContent ='咖啡機的價格為' +
      total(8000) + '元（含稅）。';
31  </script>
```

完成之後，以瀏覽器開啟 index.html 確認其功能，當價格訊息出現在 HTML 網頁的時候，看起來有點像是真正的網站，應該比輸出至主控台更有成就感吧！

▼ 在瀏覽器視窗中顯示原價 8000 元咖啡機的含稅價

解 說

 撰寫成函式的優點

本節最後針對為什麼要將程式片段撰寫成函式,為您說明其優點。

● 優點 1:想呼叫使用時, 沒有位置與次數的限制

函式內的程式碼只有在被呼叫的時候才會被執行,而且呼叫函式沒有次數的限制,需要的時候就能再度使用相同的處理程序。以這裡的例子來說,因為 ²ʳᵉᵖ 階段特別保留了 ¹ʳᵉᵖ 所寫的 console.log 指令,可以看到除了 HTML 的網頁畫面外,主控台中也有相同的訊息,由此可知 total 函式被呼叫了 2 次。

▼ 根據 attack 的數值, 迴圈次數會隨之改變

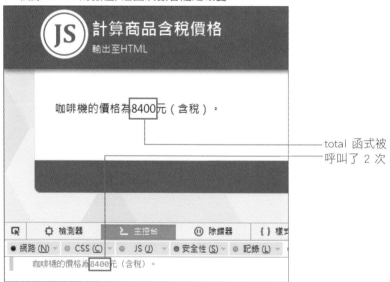

total 函式被
呼叫了 2 次

● 優點 2:只需改變參數, 便能對其他資料做相同的加工處理

雖然現在網頁上只有 8000 元咖啡機的販售資訊,不過假設將來還要再放上 200元的咖啡濾紙、以及 1000 元的咖啡豆一起販賣,這樣增加商品的動作也不成問題,因為計算營業稅額的工作可以通通交給 total 函式處理,只要以不同的原始價格參數呼叫函式,就能顯示不同商品的含稅價,實際的程式碼如同下面的例子:

```
18  <section>
19    <p id="output"></p>
20    <p id="output2"></p>
21    <p id="output3"></p>
22  </section>
    … 省略
25  <script>
    … 省略
32  document.getElementById('output').textContent = '咖啡機的價格為' +
    total(8000) + '元（含稅）'。;
33  document.getElementById('output2').textContent = '咖啡濾紙的價格為' +
    total(200) + '元（含稅）'。;
34  document.getElementById('output3').textContent = '咖啡豆的價格為' +
    total(1000) + '元（含稅）'。;
35  </script>
```

▼ 使用不同的參數呼叫 total 函式，就能計算不同商品的含稅價

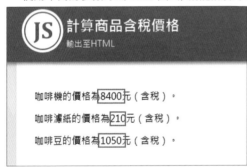

● 優點 3：彙整處理動作

因為此次練習將計算含稅價格的程式片段彙整至 1 個函式中，即使遇到營業稅率調整的狀況，只需要改寫函式內的 1 個地方，就能完成修正程式的工作。

▼ 如果稅率改變，只需修改變數 tax 的數值

```
23  <script>
24  var total = function(price) {
25    var tax = 0.05;
26    return price + price * tax;
27  }
    … 省略
31  </script>
```

3-9

FizzBuzz 遊戲

算術運算子

本小節將利用 JavaScript 程式, 做出名為 FizzBuzz 的數字遊戲, 另外也將一併說明各種運算子的功能。前面已經直接使用 + 號、- 號以及 * 號等計算相關的運算子, 而本次練習也將出現能計算除法餘數的 % 符號。

▼ **本節的目標**

> 按照 FizzBuzz 的遊戲規則, 將「1、2、Fizz、4、Buzz...」的文字輸出至主控台。

 先考慮處理流程再撰寫函式

FizzBuzz 是幾個人一起進行遊戲, 每個人依序念出「1」、「2」...的數字, 當遇到可以被 3 整除的數字時, 需要喊出「Fizz!」, 遇到能被 5 整除的數字要喊出「Buzz!」, 而能被 3 和 5 整除的數字就要喊出「FizzBuzz!」。以下將以 1 到 30 的數字進行 FizzBuzz 遊戲。

此練習程式將分成 2 個階段製作, 首先需要撰寫 1 個函式, 它能以參數的方式接收 1 個數字, 然後遵循 FizzBuzz 的遊戲規則, 判斷正確的答案並回傳結果。那麼要如何實作出這樣的函式呢？此時不要急著動手寫程式, 請先在腦中（以中文）思考整個流程。

如果覺得很困難而沒有頭緒也沒有關係, 思考程式流程其實沒有固定的答案, 這裡為您介紹 1 個非常直覺且簡單的方法。

以參數形式接收的數值,

1. 如果可以同時被 3 和 5 整除, 回傳「FizzBuzz」
2. 除此之外, 若能被 3 整除時回傳「Fizz」
3. 除此之外, 若能被 5 整除時回傳「Buzz」
4. 除此之外（無法以 3 或 5 整除）, 則直接將接收的數值回傳

用這樣的順序判斷接收的數值, 應該就能完成所需的函式, 除了計算除法的餘數以外, 其它功能都已經在前面的範例中演練過, 請思考一下需要用到哪些功能呢？因為要撰寫函式, 所以不能缺少 function 的語法, 而評斷條件的結果當然就是 if 判斷句, 想確定數字能否能被整除, 只要判斷「除以 3 或 5 的餘數是否為 0」即可。

接下來就實際動手撰寫程式吧！請由複製「_template」資料夾開始, 並且將新的資料夾命名為「3-09_fizzbuzz」。

List ⬇ 3-09_fizzbuzz/step1/index.html `HTML`

```html
10 <body>
   … 省略
22 <footer>JavaScript Samples</footer>
23 <script>
24 var fizzbuzz = function(num) {
25   if(num % 3 === 0 && num % 5 === 0) {
26     return 'FizzBuzz!';
27   } else if(num % 3 === 0) {
28     return 'Fizz!';
29   } else if(num % 5 === 0) {
30     return 'Buzz!';
31   } else {
32     return num;
33   }
34 }
35 </script>
36 </body>
```

如此便完成了 fizzbuzz 函式，先來測試一下此函式能否按照設想的方式運作。請在函式宣告、撰寫位置的後方加上下列的程式碼進行呼叫，雖然前個小節已經說明過，不過請別忘記呼叫函式的位置必須在宣告位置的後面。

```
35 console.log(fizzbuzz(1));
36 </script>
37 </body>
```

然後在瀏覽器中開啟主控台，再開啟 index.html 檔案確認其執行狀況，此時主控台中應該會顯示 1 的訊息，接下來請試著改變 fizzbuzz()的 () 括弧內數字，看看此函式能否回答出正確的答案。

▼ 若將數值傳遞給函式，就會按照 FizzBuzz 規則輸出文字訊息

fuzzbizz(1)

fuzzbizz(3)

fuzzbizz(5)

 解 說

 整理一下 if 條件句的處理流程

您可以理解此程式 if 條件句的流程嗎？因為實際完成的程式流程，與先前介紹的處理順序相同，請試著逐一解讀各行程式碼的功用。

如同 3-5 節的解說內容，如果某個 if 條件句的條件式為 true，程式就不會再執行到後面的 if 條件句。配合這樣的特性，一開始應該先確認接收的數值是否「除以 3 或 5 的餘數皆為 0」。

舉例來說，如果參數傳來的數值是可以被 3 和 5 整除的 15，第 1 個 if 條件句的判斷結果為 true，那麼第 2 個 if 條件句：

```
27 } else if(num % 3 === 0) {
```

以及第 3 個 if 條件句：

```
29 } else if(num % 5 === 0) {
```

都不會被執行；假如我們調換一下這些 if 條件句的順序, 讓第 2 或第 3 個條件式放在最前面, 那麼可以同時被 3 和 5 整除的數字（例如 15）, 就會被程式當作只能被 3 或被 5 整除。

 % 運算子

條件式中使用的 % 符號雖然不是數學上所採用的符號, 不過 JavaScript 把它設定為計算除法餘數的運算子。

● **計算相關的所有運算子**

程式執行四則運算（加法、減法、乘法以及除法運算）等基本數學計算時, 只需使用此節新登場的 % 號、以及前面使用過的 + 號、- 號和 * 號等即可, 因為撰寫程式的時候常常會用到這些運算子, 在下面整理成一覽表供您參考。

▼ 與計算相關的主要運算子

運算子	代表意義	運算子	代表意義
a + b	a+b	a-- 或 --a	a-1
a - b	a-b	a += b	a+b 再存入 a
a * b	a×b	a -= b	a-b 再存入 a
a / b	a÷b	a *= b	a×b 再存入 a
a % b	a÷b 的餘數	a /= b	a÷b 再存入 a
a++ 或 ++a	a+1	a %= b	將 a÷b 的餘數存入 a

 以 1～30 的數字進行 FizzBuzz

在 step1 已經完成了 fizzbuzz 函式, 並且利用 console.log 方法, 確認過每個數值傳遞給 fizzbuzz 函式後, 都會按照 FizzBuzz 的遊戲規則回傳正確的答案；這個階段將連續傳遞 1～30 的數字, 然後把回傳的答案輸出至主控台。

如同前個小節的說明，函式呼叫沒有次數上的限制，想要達成此階段的目標，似乎只要呼叫 fizzbuzz 函式 30 次，並且讓傳遞的參數從 1 開始逐次加 1 即可。那麼應該使用何種指令呢？沒錯！正是 for 迴圈，請在 fizzbuzz 函式的後面加上如下的程式碼：

⤓ 3-09_arithmetic/step2/index.html `HTML`

```
23 <script>
24 var fizzbuzz = function(num) {
   …省略
34 }
35 for(var i = 1; i <= 30; i++) {
36    console.log(fizzbuzz(i));
37 }
38 </script>
```

若以瀏覽器開啟完成的 index.html，主控台中應該可以看到如同下圖的畫面。

▼ 完成數字 1～30 的 FizzBuzz

像這樣在迴圈中呼叫函式的做法，是經常被程式人員運用的技巧，也可以説是此類功能的固定寫法。

3-10

以清單形式呈現條列項目

陣列（array）

到目前為止，已經實際練習過把字串、數值以及布林值等「資料」存入變數中，而本小節即將介紹另一種形式的資料，那便是「陣列」，之前使用過的所有資料類型，1 個變數之中都只能儲存 1 項資料，若改用陣列，就能結合多項資料成為 1 組資料群體。

這次的程式將在<ul>～</ul>之間增加 <li> 標籤，列出「待辦事項清單」。

▼ 本節的目標

> **JS** 以清單形式呈現條列項目
> 將所有事項輸出至HTML
>
> ## 待辦事項清單
>
> - 完成設計方案
> - 整理資料
> - 申請加入讀書會
> - 買牛奶
> - 去看牙醫

在網頁上輸出項目清單。

STEP 1 建立陣列

對於前面使用過的字串以及數值，感覺上應該是比較容易理解的資料，而陣列和這些資料相較之下，可能會稍微有點難懂，因此，在解說陣列是什麼功能之前，先直接開始動手寫程式吧！以下將建立 1 組陣列並存入變數 todo 之中。請從複製「_template」資料夾的動作開始，並且將複製出來的資料夾命名為「3-10_array」。

```html
10 <body>
   … 省略
22 <footer>JavaScript Samples</footer>
23 <script>
24 var todo = ['完成設計方案', '整理資料', '申請加入讀書會', '買牛奶'];
25 </script>
26 </body>
```

位於第 24 行中括號的 […] 部分即是陣列資料。

不過此行指令只有將陣列存入變數 todo 之中，想要將某項資料呈現在瀏覽器畫面上，還需要撰寫其它的處理程式，接下來請依照下面的程式，試著將陣列第 1 個元素的資料輸出至主控台。

```html
23 <script>
24 var todo = ['完成設計方案', '整理資料', '申請加入讀書會', '買牛奶'];
25 console.log(todo[0]);
26 </script>
```

請在瀏覽器中開啟主控台確認功能，打開 index.html 的時候，主控台應該會出現「完成設計方案」的訊息。

▼ 在主控台顯示陣列第 1 個元素的資料

然後試著把 todo[0]當中的 0 改成別的數字，看看輸出訊息有何變化。如果改成 1～3 的數字，主控台應該會出現在 […] 中的其它文字字串，4 以上的數字則會顯示「undefined」，undefined 這個單字的意思是「尚未定義」，表示陣列中沒有相對應的該項資料。

▼ 測試 todo[4]的時候, 程式會回應 undefined

解 說

陣列

　　當您準備上班或上學的時候, 在出門前應該會把錢包、手帕、筆記本、文具、筆記型電腦…等物品放進隨身攜帶的手提包中吧, 而陣列就像是資料界的手提包, 用來將多項資料彙整於同個地方以便於管理。

　　如果將多項資料－在本次練習中為待辦事項的所有元素－彙整成陣列, 便能全部存入 1 個變數中, 如果不用陣列的方式, 那麼就必須逐一存入不同的變數。隨著待辦事項的增加, 變數的數量也會隨之增加, 最後變得難以整理應該是很容易想像的後果, 不過若是利用陣列的功能, 不論待辦事項清單上增加多少元素, 都只需要 1 個變數儲存, 資料的管理工作也會變得比較輕鬆。

▼ 逐一宣告變數是非常累人的事情

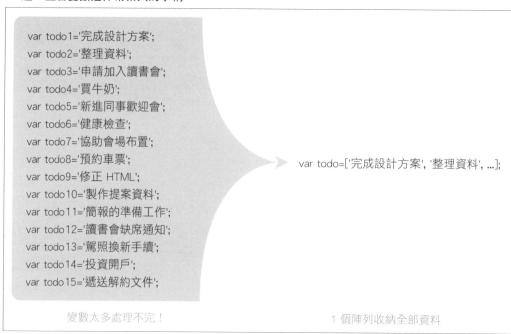

```
var todo1='完成設計方案';
var todo2='整理資料';
var todo3='申請加入讀書會';
var todo4='買牛奶';
var todo5='新進同事歡迎會';
var todo6='健康檢查';
var todo7='協助會場布置';
var todo8='預約車票';
var todo9='修正 HTML';
var todo10='製作提案資料';
var todo11='簡報的準備工作';
var todo12='讀書會缺席通知';
var todo13='駕照換新手續';
var todo14='投資開戶';
var todo15='遞送解約文件';
```

var todo=['完成設計方案', '整理資料', ...];

變數太多處理不完！　　　　　　　　1 個陣列收納全部資料

● 陣列的建立方式

建立陣列的時候需要使用中括號（[]，也被稱為方括號），一般會將建立完成的陣列儲存在變數中，可以使用如下的語法：

語法 建立 0 個元素的陣列並存入變數之中

```
var 變數名稱 = [];
```

使用這樣的語法，便可建立陣列元素數量為 0 的陣列。就像沒有放任何東西的手提包，JavaScript 可以先建立元素數量為 0 的陣列（亦可稱為空陣列），因為陣列建立之後還可以新增資料，所以不必覺得 0 個元素的陣列很奇怪。

如同前面的練習程式，如果想在一開始就存入某些資料的話，可以將各項資料以逗號隔開、寫在 [] 方括號中。請注意一下，最後 1 項資料的後面絕對不能加上逗號。另外，1 個陣列中可存放的元素個數沒有限制。

語法 宣告具有多項資料的陣列

```
var 變數名稱 = [資料 0, 資料 1, 資料 2, ..., 資料 X];
```

● 從陣列讀出資料

好不容易建立了陣列，接下來，當然也必須知道如何從中讀取資料。以實際的例子來說，如果想從練習程式建立的陣列 todo 讀取資料，請使用右邊的語法：

語法 讀取陣列 todo 的資料

```
todo[索引編號]
```

索引（index）編號指的是什麼呢？所有記錄在陣列中的資料，從第 1 項資料開始會依序賦予 0、1、2…的編號，這樣的編號方式就是「索引編號」，也可以直接稱之為「索引」。如果以陣列 todo 為例子，索引編號 0 號的資料是'完成設計方案'、索引編號 1 號的資料是 '整理資料' …以此類推。

這裡必須請您特別注意，第 1 個陣列元素的索引編號為「0 號」，而不是 1 號。另外，如果指定了比陣列元素數量還多的索引編號號碼，程式會回覆「undefined」的訊息，代表「此資料不存在喔」的意思。

▼ 陣列的索引編號

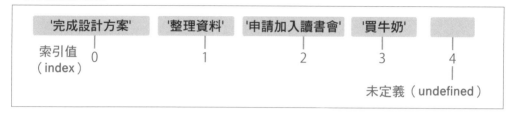

'完成設計方案'	'整理資料'	'申請加入讀書會'	'買牛奶'	

索引值
（index） 0　　　　　1　　　　　2　　　　　3　　　　　4

未定義（undefined）

 讀取陣列中的所有元素資料

在 <img> 中, 已經說明過陣列的建立以及基本的資料讀取方式, 下面請試著 1 次讀取陣列中的所有資料, 然後將各項資料輸出至主控台中。讀取陣列全部資料可以使用程式迴圈中的 for 迴圈。

3-10_array/step2/index.html `HTML`

```html
23 <script>
24 var todo = ['完成設計方案', '整理資料', '申請加入讀書會', '買牛奶'];
25 for (var i = 0; i < todo.length; i++) {
26   console.log(todo[i]);
27 }
28 </script>
```

在瀏覽器的主控台中確認 index.html 的運作狀況時, 應該可以看到陣列中記錄的所有資料都已經條列於主控台。

▼ 在主控台顯示陣列的所有元素資料

讀取所有元素資料

之前已經說明過，想讀取陣列中儲存的資料，可以使用各項資料對應的索引編號。而陣列的索引編號是由 0 開始、後面跟著 1、2、3…這樣依序排列的數列，因為具有每項加 1 的規則性，剛好可以利用迴圈的功能來處理。如果宣告變數 i 並預先存入 0 的數值，一邊將變數 i 的數值加 1、一邊重複執行迴圈，就能將變數 i 當作陣列的索引編號，一口氣讀出陣列所有的資料。

因為想讀出陣列「所有的資料」，所以必須做到「當讀到陣列最後的元素時，就結束迴圈的重複動作」，而與陣列相關的功能中，有個相當方便的功能可以用來判斷迴圈何時應該結束，那便是陣列的 length 屬性。length 屬性記錄著陣列目前儲存資料的元素個數，以練習程式中的陣列 todo 來說，下面的指令會得到 4（個元素）的回傳值結果：

```
todo.length
```

回到前一段迴圈的說明，如果使用「當變數 i 小於 todo.length 的時候重複迴圈」這樣的條件，就能在讀取陣列最後 1 項資料的同時結束迴圈，不過請注意別設定成「變數 i 小於或等於 todo.length」，因為索引編號是從 0 開始，當 length 的值為 4、也就是陣列儲存著 4 項資料的時候，最後 1 項資料的索引編號為 3。

綜合一下到目前為止的說明，如果想讀取陣列當中儲存的所有資料，可以使用如下的程式迴圈：

```
for (var i = 0; i < todo.length; i++) {
    處理程式
}
```

利用此種寫法的程式迴圈，不論將來碰到什麼樣的陣列，都能讀出陣列中儲存的所有元素資料。todo.length 的「todo」部分，當然需要配合想讀取資料的目標陣列，改成相同的變數名稱。

在撰寫程式的實務經驗上，使用特定索引編號讀取陣列的單一資料，以及利用 for 迴圈 1 次讀取所有資料的做法，兩者相較之下，利用 for 迴圈的機會壓倒性地多很多，使用陣列相關功能的時候，此迴圈寫法的運用頻率相當高，非常重要！

加入新的元素資料

這個時候, 我們突然想到待辦事項清單上面漏掉了 1 件事, 所以接下來需要在陣列中再新增 1 個元素來儲存資料。

前面曾經提及陣列具有 length"屬性", 腦筋動得比較快的讀者可能會立即想到「那麼陣列會不會也是 1 種物件?」, 沒錯! 陣列其實也是物件, 既然屬於物件, 陣列同樣具有專屬的方法以及屬性, JavaScript 為了便於控制陣列物件, 已經預先準備了一些可用的方法, 這個階段就要運用其中的 1 個方法, 替 todo 陣列增加 1 個元素。

⬇ 3-10_array/step3/index.html `HTML`

```html
23 <script>
24 var todo = ['完成設計方案', '整理資料', '申請加入讀書會', '買牛奶'];
25 todo.push('去看牙醫');
26 for (var i = 0; i < todo.length; i++) {
27   console.log(todo[i]);
28 }
29 </script>
```

再以瀏覽器開啟完成的 index. html 檔案, 應該可以看到最後多了 1 件待辦事項。

▼ 在主控台可以看到陣列多了 1 項資料

解說

 陣列可用的方法

陣列不論何時都可以新增、刪除元素, 而操控陣列的時候, 可以使用陣列物件 (亦稱為 Array 物件) 專屬的方法。此階段練習程式所使用的 push 方法, 可以將 () 括弧內以參數形式指定的資料, 新增成為陣列的最後 1 個元素。

語法	在陣列最後面新增資料

> 陣列的變數名稱.push(想加入的資料);

　另外, 若在陣列當中增加新的元素資料, length 屬性值也會立即同步更新, 因為先前讀取陣列資料的迴圈條件採用了 length 屬性, 所以這部分不需更動就能讀出 5 筆資料。

　陣列物件還有其他許多不同的方法, 以下先列舉一些和新增、刪除有關的常用方法, 供您做個參考。

▼ 新增、刪除陣列資料的常用方法一覽表

方法名稱	用途
陣列的變數名稱.pop()	刪除陣列最後面的資料
陣列的變數名稱.push(資料)	在陣列最後面新增資料
陣列的變數名稱.shift()	刪除陣列最前面的資料
陣列的變數名稱.unshift(資料1,資料2...)	在陣列最前面新增資料1、資料2...

 將所有項目輸出至 HTML

　終於到了最後的階段, 這裡請試著將待辦事項清單輸出至 HTML、呈現在網頁畫面上, 此階段輸出至 HTML 的動作, 雖然和操控陣列沒有直接的關係, 不過把陣列資料呈現在 HTML 是實務上經常使用的做法, 請將這樣的練習當成邁向 JavaScript 達人的一小步。

　待辦事項清單的各個元素需要圍在<li>～</li>之間再輸出, 因為<li>的父元素<ul>（或者是<ol>）也是不可缺少的標籤, 所以請先編輯 index.html 檔案中 HTML 區塊的內容, 在<section>～</section>之間增加<ul>標籤並附上屬性值為「list」的 id 屬性。

```
18 <section>
19   <h1>待辦事項清單</h1>
20   <ul id="list">
21   </ul>
22 </section>
```

而以下的程式碼，會在前面增加的<ul>標籤內添加「<li>陣列的各項資料</li>」。

```
25 <script>
26 var todo = ['完成設計方案', '整理資料', '申請加入讀書會', '買牛奶'];
27 todo.push('去看牙醫');
28 for (var i = 0; i < todo.length; i++) {
29   var li = document.createElement('li');
30   li.textContent = todo[i];
31   document.getElementById('list').appendChild(li);
32 }
33 </script>
```

再以瀏覽器開啟 index.html 確認執行狀況，網頁中是否已經列出了所有的待辦事項？

▼ 在瀏覽器視窗顯示陣列的所有元素資料

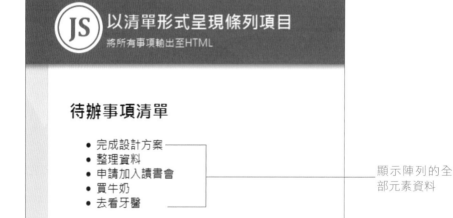

替每個陣列元素建立<li>標籤、再添加至<ul id="list">中

此次在 for 迴圈中新增的程式碼, 會重覆產生 HTML 的<li>標籤, 並且將陣列的每項資料放入<li>標籤中, 然後將包含資料的<li>標籤添加至<ul>～</ul>之間。

詳細分析一下前面撰寫的程式碼, 在第 29 行宣告了變數 li: var li =

然後產生<li>標籤, 並且將該標籤存入變數 li。

```
var li = document.createElement('li');
```

這裡所使用的是 document 物件的 createElement 方法, 此方法可以憑空產生 HTML 標籤, 而 () 括弧內的參數可以用來指定標籤名稱。因為在參數的位置填入了'li', 所以結果就是產生<li></li>標籤。

語法 在 HTML 文件中新增標籤

document.createElement (標籤名稱)

下一行的 li.textContent 指的是變數 li 所儲存標籤的內容, 此行指令會將陣列 todo 索引編號 i 號的資料, 指定為變數 li 所儲存<li></li>標籤的內容。

```
li.textContent = todo[i];
```

舉例來說, 當執行第 1 輪迴圈、迴圈控制變數 i 為 0 的時候, 變數 li 當中所儲存的內容將會是「<li>完成設計方案</li>」。

到這裡已經完成所有清單元素的準備工作, 不過光靠這 2 行程式的功能, 還沒有對 HTML 造成任何實質的改變, 而下一行程式碼的作用, 正是添加前面準備好的 <li>～</li> 成為 <ul id="list"> 的子元素。

此行程式首先取得 id 屬性值為 list 的 HTML 元素, 也就是取得<ul id="list"></ul>。　　document.getElementById('list')

接下來, 在取得的 HTML 元素 (<ul id="list"></ul>) 中, 添加先前儲存於變數 li 內的 HTML 元素 (<li>～</li>) 。

```
document.getElementById('list').appendChild(li);
```

appendChild 方法會將 () 內以參數形式指定的 HTML 元素當作子元素, 添加至前面取得的元素中。如果前面取得的元素內已經有其他的子元素, 會添加至原本子元素的後方;以實際的例子來説, 當執行第 2 輪迴圈的時候, 會將「<li>整理資料</li>」添加在第 1 輪的「<li>完成設計方案</li>」後方。

▼ appendChild 方法會添加至原有子元素的後方

語法　在取得的 HTML 元素中添加子元素

取得的元素.appendChild (想添加的子元素)

以上就是 1 輪迴圈執行的完整過程, 之後迴圈會配合陣列儲存資料的數量, 重複執行相同的處理動作。

3-11

⬇ 3-11_object

顯示商品的價格與庫存數量

物件（object）

在陣列之後，此小節將介紹新的資料類型「物件」，您也許會想到「這裡所說的物件，是 window 或 document 這些之前看過的物件嗎？」基本上算是猜對了…，不過這裡要介紹的物件功能，是用來彙整多項資料成為單一變數，以便於程式的資料管理工作。

雖然前個小節的陣列和此小節將要介紹的物件，同樣可以將資料彙整於 1 處，不過兩者還是有些差異。請在跟著範例練習的同時，實際體驗一下物件儲存資料的特性、還有和陣列不同的地方。

▼ 本節的目標

在表格中顯示書籍的書名、價格和庫存數量。

登錄書籍資料

和陣列的功用類似，物件可以將多項資料彙整於 1 處、再存入變數中，雖然在「彙整於 1 處」這點上兩者相同，不過建立以及讀取資料的方式都不同。而在說明其運作機制前，先來實際動手撰寫程式吧！

同樣的，請從複製「_template」資料夾的操作開始，然後將複製出來的新資料夾命名為「3-11_object」，再進行撰寫程式的工作。

● 建立物件

上面的程式碼建立了新的物件, 並存入變數 jsbook (以下稱之為 jsbook 物件), jsbook 物件當中包含了書名、價格以及庫存數量等資料。

接下來, 我們要試著讀取出 jsbook 物件所儲存的資料, 然後輸出至主控台中。這裡先讀取、輸出全部的資料。

在瀏覽器中打開主控台, 再開啟 index.html 檔案, 應該可以看到如下的畫面。

▼ 在主控台顯示物件的全部資料

● 讀取物件內的資料

想要讀取出變數當中儲存的資料, 只需在程式中使用變數名稱即可, 這是相當合理的事情, 而不論儲存的資料是字串或數值, 也不管變數的形式是陣列或物件, 只要在程式當中寫入變數名稱, 就能讀取全部的資料。不過, 類似陣列或物件的儲存形式, 在所有資料被彙整成 1 組資料的狀況下, 有時候其實只需要當中的 1 項資料做後續處理, 一口氣讀出全部的資料只是浪費處理效能。

因此, 下面將嘗試只讀取 jsbook 物件中儲存的「書籍的書名」資料。

```
23 <script>
24 var jsbook = {title: 'JavaScript入門', price: 500, stock: 3};
25 console.log(jsbook);
26 console.log(jsbook.title);
27 </script>
```

再以瀏覽器開啟 index.html 檔案,可以在主控台中看到多了 1 行「JavaScript 入門」。

▼ 顯示物件內保存的「書名」資料

在程式的第 24 行,物件變數 jsbook 的{…}中,應該可以看到寫著「title:」的字眼吧,而輸出至主控台的內容即是它右邊的 'JavaScript 入門' 字串。

因此,此次 console.log 方法的參數,也就是填入 () 括弧中的「jsbook.title」,相當類似先前 document.getElementById().textContent 的寫法。兩者都能讀取、改寫 jsbook 物件或 document 物件屬性儲存的資料,而「title」正是 jsbook 物件中的 1 項屬性,相關的說明會在後面再作詳述。

事實上,想要讀取物件屬性儲存的資料,還有另外 1 種寫法,下面就以別種方式讀取書籍的價格資料(price 屬性)吧!

```
23 <script>
24 var jsbook = {title: 'JavaScript入門', price: 500, stock: 3};
25 console.log(jsbook);
26 console.log(jsbook.title);
27 console.log(jsbook['price']);
28 </script>
```

以瀏覽器開啟 index.html 的時候,主控台畫面又多了 1 行「500」的訊息,此即為寫在 jsbook 物件「price:」右邊的資料。

▼ 顯示物件內儲存的「價格」資料

● 改寫物件屬性

接下來可以試試看改寫物件屬性的資料。

請試著將庫存數量（stock 屬性）的數值資料改寫成「10」，為了確認是否真的改寫成功，也順便將更改後的 stock 屬性值輸出至主控台。

⤓ 3-11_object/step1/index.html `HTML`

```
23 <script>
24 var jsbook = {title: 'JavaScript入門', price: 500, stock: 3};
25 console.log(jsbook);
26 console.log(jsbook.title);
27 console.log(jsbook['price']);
28 jsbook.stock = 10;
29 console.log(jsbook.stock);
30 </script>
```

以瀏覽器開啟 index.html 檔案，在主控台中確認其執行結果，的確顯示著改寫後的 stock 屬性數值。

▼ 更新並顯示物件內保存的「庫存」資料

⟲	⚙ 檢測器	⅀ 主控台	⑪ 除錯器	{ } 樣式編輯器

● 網路 (N) ▼ ● CSS (C) ▼ ● JS (J) ▼ ● 安全性 (S) ▼ ● 記錄 (L) ▼ ● 伺服器 (S) ▼

Object { title: "JavaScript入門", price: 500, stock: 3 }
JavaScript入門
500
10

和讀取物件屬性相同，需要改寫物件屬性的資料時，也有另外 1 種寫法可供使用。前面的程式指令「jsbook.stock = 10;」可以替換成下面的格式：

jsbook['stock'] = 10;

3-78

到目前為止, 您已經完成：

1. **建立物件**
2. **讀取物件屬性**
3. **改寫物件屬性**

等 3 種物件相關的基本操作練習。

 物件

雖然在前面撰寫練習程式的同時, 已經做過簡單的說明, 所謂的物件是「具有多項屬性資料的綜合體」。因為物件的每個屬性之中都儲存著資料, 也可以把物件當成「匯集了各種的資料、以單一變數供程式使用的資料」。從這個角度來看, 物件與陣列可說是相當類似的功能。

請再回頭看一下此次程式所建立的 jsbook 物件, 此物件當中記錄著 3 個屬性, 而各屬性都儲存著不同的資料。換句話說, 在 jsbook 物件當中彙整了 3 項資料。

- title 屬性 － 儲存著 'JavaScript 入門' 字串
- price 屬性 － 儲存著 500 的數值
- stock 屬性 －（最初）儲存著 3 的數值

● **物件的建立方式**

建立物件的時候需要使用大括號（{}, 也被稱為花括號）, 其做法類似陣列, 而建立的物件通常會儲存在變數中, 寫成下列的語法：

語法 宣告 0 個屬性的物件並存入變數之中

```
var 變數名稱 = {};
```

如果想在建立物件的同時, 一併存入屬性名稱以及對應的資料, 請寫成後面所示的語法, 屬性與屬性之間需要以逗號隔開。而位於最後 1 項的「屬性名稱:資料」的後方絕對不能加上逗號。

另外,當書中提到「屬性」這個稱呼的時候,指的是屬性名稱以及當中儲存資料的整個組合,提到屬性名稱的時候是指「屬性名稱」本身。而說到各屬性當中儲存的資料時,則會使用「資料」或「值」的稱呼。

▼ 屬性、屬性名稱、資料(值)

還有,物件的屬性數量沒有有限制,這個部分也與陣列相同。

接下來再仔細地看一下各項屬性的寫法吧,當建立物件並存入屬性的時候,每項屬性的屬性名稱與預備存入的資料中間需要用冒號(:)隔開。而冒號的前後不論是否有輸入半形空格,都不會影響到功能。

屬性的名稱和變數名稱或函式名稱相同,都可以視需求或偏好自行決定其名稱。事實上,屬性名稱在命名上比變數名稱或函式名稱更加自由,可以使用 JavaScript 限制的保留字,也能使用 - 號,不過若在屬性名稱中使用 - 號,可能會造成程式碼閱讀上的困擾,建議避免使用此符號。

● **讀取物件的資料**

想要從陣列讀取資料的時候,您還記得需要使用到什麼東西嗎?沒錯!正是各項資料對應的「索引編號」。不過,物件並沒有索引編號這樣的機制,取而代之則是「使用屬性名稱」來取得想要的資料。雖然在練習的時候已經使用過,不過這裡要再說明一下讀取物件資料的 2 種方式。其中之一是將物件名稱(存入的變數名稱)和屬性名稱以點號(.)連接。

| 語法 | 讀取物件屬性的資料 ❶ |

物件名稱.屬性名稱

另外 1 種寫法也許會讓您覺得有點特殊, 也就是在用 [] 中括號圍住屬性名稱。

| 語法 | 讀取物件屬性的資料 ❷ |

物件名稱['屬性名稱']

使用第 2 種方式的時候, 有個地方必須特別注意, 那便是屬性名稱不僅需要用[] 中括號圍住, 還必須用單引號（或是雙引號）圍住, 更精確地來說, 此種方式其實是把屬性名稱當作字串來處理。

● 改寫物件的資料

再來確認一下屬性內儲存資料的改寫方式吧。

需要改寫屬性值的時候, 可以在讀取方式 ❶ 或 ❷ 的後面加上 = 等號, 然後跟著輸入想改寫的新資料。

| 語法 | 改寫物件屬性的資料 |

物件名稱.屬性名稱 = 新資料;
或是
物件名稱['屬性名稱'] = 新資料

 此小節的物件跟之前的物件有何關係？

前面曾經説明過, window 或 document 這些「物件」具有方法和屬性的功能, 而此小節所建立的物件似乎只具有屬性。事實上函式的程式碼也可以用資料的形式儲存在屬性中, 例如下面程式碼的寫法：

```
var obj = {
  addTax: function(num){
    reuturn num * 1.08;
  }
};
```

為了比較容易閱讀, {} 大括號的前後等處都做了換行的動作, 應該可以看出此段程式宣告了 obj 物件, 並且存入 1 段函式當作 addTax 屬性的資料。當屬性當中儲存的資料為函式的時候, 此屬性可以被特別稱為「方法」。

也就是說, 各位讀者其實也能自行建立同時具有方法和屬性的物件。不過, 想要建立、運用這樣的物件, 您必須擁有「JavaScript 物件導向語言撰寫方式」的相關知識以及技巧, 不過由於是較為進階的程式撰寫方式, 本書不會提到那麼困難的內容, 而在此之前您應該先學習建立只具有屬性的物件, 熟悉將多項資料彙整於 1 處的管理方法。在掌握了程式的基本技能之後, 如果還想了解「JavaScript 物件導向語言撰寫方式」, 請在網路上搜尋相關的資料或是閱讀其他的書籍。

讀取所有的屬性值

之前第 3-10 節練習陣列功能的時候, 曾經使用 for 迴圈讀取當中儲存的全部資料, 雖然物件也可以 1 次讀取所有的屬性值, 不過操作方式卻與陣列不同。

下面我們要試著讀取 jsbook 物件當中記錄的所有屬性, 將屬性名稱與儲存在其中的資料顯示在主控台畫面上。首先請修改一下 step 1 所撰寫的程式, 保留最前面宣告物件並且存入變數的部分, 刪除掉其他的程式碼或是用註解排除的方式。

 註解排除（comment out）的意思？

所謂的註解排除方式, 就是在不需執行的單行程式前面加上 //, 或使用 /* 與 */ 記號圍住多行不需執行的程式; 在撰寫程式的過程中, 如果想保留某些寫好的程式碼, 又希望暫時不要執行, 此時可以採用註解排除的做法。

▼ 註解排除的實際範例

```
//console.log(jsbook);
```

或是
```
/*
console.log(jsbook.title);
console.log(jsbook['price']);
jsbook.stock = 10;
console.log(jsbook.stock);
*/
```

那麼就開始動手撰寫讀取所有屬性的程式吧！以下的程式碼沒有使用註解排除的方式，而是直接把不需要的部分刪除。

⬇ 3-11_object/step2/index.html `HTML`

```html
23 <script>
24 var jsbook = {title:'JavaScript入門', price:500, stock:3};
25
26 for(var p in jsbook) {
27   console.log(p + '=' + jsbook[p]);
28 }
29 </script>
```

以瀏覽器開啟 index.html，並且在主控台中確認執行結果，jsbook 的所有屬性應該都已經用「屬性名稱=資料」的格式顯示在畫面上了。

▼ 在主控台列出物件的所有屬性

 for...in 迴圈

此程式所使用的迴圈雖然也是以 for 開頭，不過 ( ) 括弧中填入的語法卻和前面不同。此 for...in 迴圈是特殊用途的迴圈，專門用來讀取物件的所有屬性，它會配合物件擁有的屬性數量，對 {…} 大括弧內的處理程式，重複執行相同的次數。

語法 for...in 迴圈

```
for(var 用來儲存屬性的變數名稱 in 物件名稱){
    處理程式
}
```

請看到「用來儲存屬性的變數名稱」位置，雖然此變數名稱可以自由決定，不過一般都會採用「p」的名稱，與 for 迴圈的控制變數 i 相同，都是慣用的名稱。

每重複執行 1 次 for...in 迴圈的時候，此變數 p 都會分別存入 1 個物件屬性的屬性名稱。舉例來說，第 1 次執行此迴圈的時候，變數 p 中會存入物件第 1 個屬性名稱的「名字」'title', 更精確地來說是以字串的形式儲存。

在{…}大括弧中需要從變數 p 讀取屬性名稱的時候，只要寫上 p 即可。

語法 讀取屬性名稱

p

*p 為變數名稱

接下來想要讀取物件屬性中儲存的資料時，可以使用：

jsbook[p]

的語法，此為 ^{step} 已經介紹過的「讀取物件屬性的資料❷」方式 (3-81 頁)。

語法 讀取物件屬性的資料

物件名稱[p]

讀取物件屬性的資料時，不能使用 3-81 頁「讀取物件屬性的資料❶」的方式，因為如果寫成如下的語法：

jsbook.p

那麼程式會把這段語句解讀成「jsbook 物件的 p 屬性」，也就是變成讀取 p 屬性的資料，而不是 title 屬性的資料（事實上目前 jsbook 物件只有 title 屬性，而沒有 p 屬性），所以在 for...in 迴圈中只能使用 [] 中括號填入屬性名稱的方式。

接下來就是此 for...in 迴圈實際處理資料的部分：

```
27 console.log(p + '=' + jsbook[p]);
```

您應該可以理解此行程式是將「屬性名稱、=、屬性儲存的資料」的訊息，經過字串合併的方式再呈現在主控台中。

● 物件屬性有可能不會按照順序列出

寫完前面的程式,已經知道使用 for...in 迴圈可以讀出物件的所有屬性,但是這裡有個需要稍加注意的狀況。在此次練習中,可以看到最後所有屬性排列的順序,剛好和儲存時的次序相同,都是 title→price→stock 的順序,不過並不是每次都能得到這樣的結果。

事實上,物件中的屬性並沒有一定的排列次序,使用 for...in 迴圈讀取全部屬性的時候,可能會出現和儲存順序不同的狀況。

另外一方面,陣列會按照資料存入的先後順序賦予索引編號,所以不會有順序混亂的情況發生。在這點上,物件和陣列有著很大的差異,因為陣列對順序的要求較為嚴格,而物件在這方面較為隨意。

輸出至 HTML

做為物件資料的運用範例,以下將介紹讓這些資料顯示在 HTML 的具體做法。此階段會把 jsbook 物件各項屬性的資料,安插到表格的儲存格中。首先需要在 index.html 中 HTML 區塊的安插目的位置上,增加 1 行 3 列(橫向上有 3 個儲存格)的表格,而 3 個<td>標籤依序加上 title、price 和 stock 的 id 屬性。

⤓ 3-11_object/step3/index.html `HTML`

```
18  <section>
19    <table>
20      <tr>
21        <td id="title"></td>
22        <td id="price"></td>
23        <td id="stock"></td>
24      </tr>
25    </table>
26  </section>
```

撰寫程式的事前準備工作已經完成，再來需要將 jsbook 物件的資料加到之前新增的<td>標籤中。使用的語法都是之前曾經使用過的功能。

因為這裡不需要在 撰寫的 for...in 迴圈，請以註解排除這部分的程式、或直接刪除，下面的程式碼是將 for...in 迴圈部分刪除。

↓ 3-11_object/step3/index.html　HTML

```
29 <script>
30 var jsbook = {title:'JavaScript入門', price:500, stock:3};
31
32 document.getElementById('title').textContent = jsbook.title;
33 document.getElementById('price').textContent = jsbook.price + '元';
34 document.getElementById('stock').textContent = jsbook.stock;
35 </script>
```

完成後以瀏覽器確認一下執行結果吧！網頁的表格中應該可以看到書籍的相關資料，畫面中的表格有做了一些美化修飾。

▼ 以表格形式顯示物件保存的資料（書名、價格與庫存）

—— 顯示 jsbook 物件保存的資料

對於前個小節陣列中儲存的待辦事項清單，以及本節儲存於物件的書籍資料，都已經練習過如何呈現在網頁畫面上了。雖然陣列或物件本身就有相當多的用途，不過將資料輸出至 HTML 是非常基本且經常使用的技巧。

應該選哪個呢？ 陣列 vs 物件

不論陣列或物件，兩者都是為了將多項資料彙整於 1 處的資料運用方式，不過該如何判斷兩者各自適用的場合？而它們又分別具有什麼特性呢？

因為陣列和物件所具有的功能有所差異，而撰寫程式處理資料的時候，需要思考何者較為適用，而想要做出正確的判斷，必須先累積相當的經驗。

● 沒有經驗也能簡單選擇的方法

以下介紹的分辨方式雖然稍嫌粗略，不過還是希望能幫助您思考判斷。

各位讀者應該都有使用過 Excel 之類的試算表軟體吧，想要在 JavaScript 程式中使用某些資料的時候，可以先試著將這些資料輸入試算表軟體中，想像一下「此資料可以用縱向排列的方式輸入嗎？或是比較適合橫向排列？」。

如果感覺可以用「縱向」排列的方式輸入，那麼此資料比較適合用「陣列」來儲存，舉例來說，待辦事項清單通常都會採用由上往下的排列方式，而不會橫向並列吧！而其它能夠想到比較適合縱向排列的資料，大致列舉如下：

▸ 縣市鄉鎮名稱

▸ 擁有物品清單

▸ 學校的班級名冊

▼ 感覺可以縱向排列的資料比較適合陣列

另外一方面，若此資料感覺可以用「橫向」排列的方式，那麼比較適合用「物件」儲存。舉例來說，如下所示，和「某個東西」都有連帶關係的多項資料，比較適合用物件進行管理。

▸ 遊戲的最高得分記錄（玩家暱稱與分數）

▸ 個人電腦或行動電話等電子產品的規格（尺寸、效能等）

▸ 某商品的價格與庫存數量（本次練習範例）

▼ 感覺可以橫向排列的資料比較適合物件

user	score	nation
Flag	999999999	TW

var high={user:'Flag', score:999999999, nation:'TW'};

● 有如縱橫雙向擴展表格的資料

雖説待辦事項清單可以採用縱向排列的方式, 適合使用陣列功能來儲存, 不過若是在每件待辦事項下再增加:

▶ 期限

▶ 優先順序

▶ 備註

等資訊, 那麼單件待辦事項應該用橫向並列的方式輸入試算表軟體, 如此一來, 所有的待辦事項將變成縱橫雙向擴展的表格。

▼ 如果在待辦事項清單中新增資訊…

	todo	due	priority	memo
1	設計	11/20	1	更換照片
2	預訂機票	11/22	3	
3	還書	12/1	2	拿掉便利貼

碰到這樣的資料時, JavaScript 可以採用:

▶ 單件待辦事項的相關資料以物件處理

▶ 所有待辦事項項目以陣列處理

的做法。組合使用陣列和物件來管理運用資料, 類似的資料將會出現在本書的後半段 [6-3 節「**確認剩餘空位的狀況**」]。

輸入與資料加工

在這個章節中，針對 JavaScript「輸入→加工→輸出」的過程，將以輸入與加工階段為中心進行說明。將介紹先取得輸入至表單的內容、日期以及陣列等資料，執行加工動作後，再輸出至 HTML 顯示在網頁上。另外，「事件」能決定一連串處理程式的發動時機，這裡也會觸及到事件相關的話題。請跟著本章節的內容好好地練習一下吧！

4-1

取得表單輸入的內容

取得輸入內容・事件

4-01_input

到目前為止的練習,都是「在瀏覽器讀入網頁的瞬間、讓處理程式開始執行」。而本節的範例程式將採用不同的做法,會利用「事件」來控制程式開始執行的時間點。如果使用者按下了寫著搜尋的按鈕,程式將會讀取文字輸入欄中輸入的內容,然後顯示於網頁畫面上。請試著完成這樣的程式。

▼ 本節的目標

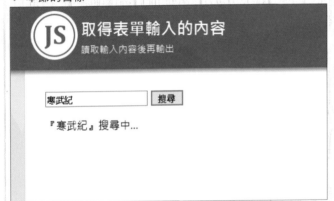

在表單的輸入欄內輸入文字再按下按鈕,相同的內容將會呈現在網頁上。

測試一下「事件」

在此小節中,將會使用到「事件」以及「取得文字輸入欄的輸入內容」等 2 項新功能。這個階段首先將從偵測按鈕被按下的時間點開始,也就是先撰寫與事件相關的程式。

請由複製「_template」資料夾開始,將新複製的資料夾命名為「4-01_input」。先編輯 index.html 檔案的 HTML 部分,增加當中只含有送出按鈕的表單,<form> 標籤需要加上 action 屬性、以及之後會用到的 id 屬性,屬性值分別為「#」和「form」。

```
18 <section>
19   <form action="#" id="form">
20     <input type="submit" value="搜尋">
21   </form>
22 </section>
```

以瀏覽器開啟 index.html 檔案, 網頁中應該會顯示**搜尋**按鈕。請試著按一下此按鈕, 依照您使用的瀏覽器, 網址列中的網址最後方會被加上「#」或是「?#」, 除此之外不會有任何的反應。

▼ 按下按鈕後, 網址的最後面會加上「#」或「?#」（依瀏覽器而定）

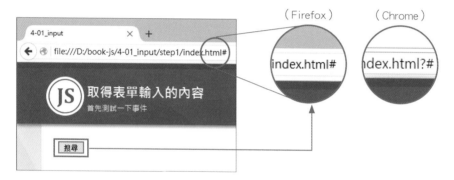

接下來撰寫「事件」的程式碼, 讓**搜尋**按鈕被使用者按下之後, 程式會把「已經按下搜尋按鈕」的訊息輸出至主控台。

```
10 <body>
   … 省略
24 <footer>JavaScript Samples</footer>
25 <script>
26 document.getElementById('form').onsubmit = function() {
27   console.log("已經按下搜尋按鈕");
28 };
29 </script>
30 </body>
```

然後將瀏覽器的主控台打開, 確認 index.html 的執行結果。按下**搜尋**按鈕後, 主控台應該會出現「已經按下搜尋按鈕」的訊息。

* 用 Edge/IE 開啟會看不到「已經按下搜尋按鈕」的訊息, 可以用後面 Step2 的方式解決, 在 27 跟 28 行之間加 1 行「return false;」。

▼ 按下「搜尋」按鈕後，主控台出現「已經按下搜尋按鈕」訊息

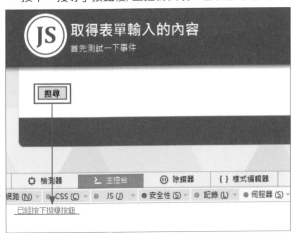

解說

事件

　　以滑鼠點選網頁上的連結或按鈕、按下鍵盤上的任一按鍵、還有整個網頁讀取完畢等各式各樣的時間點，對瀏覽器來說都是發生了某個「事件」。而此次練習程式所使用的 onsubmit 也屬於這些事件的其中之一，下面來詳細看一下它的運作機制吧。

　　<form>〜</form>標籤所圍住的部分即是「表單」，如果點選表單中的送出按鈕（<input **type="submit"** value="搜尋">），程式將會把表單中使用者輸入的內容傳送至指定的網頁。而傳送的目的網頁，需要在<form>標籤的 action 屬性進行設定。

```
19 <form action="#" id="form">
```

　　action 屬性內通常會填入資料傳送目的網頁的網址，不過，遇到像是此次不需將資料送往其他網頁的狀況時，一般都會填入「#」號來取代目的網址（附帶一提，#號的意義為「網頁的最上方」）。

整理一下以上的說明：

按下送出（submit）按鈕之後，輸入內容會被送至 action 屬性內的網址。

HTML 語法的表單原本是為了這樣的用途而被設計出來，而 onsubmit 事件發生的時間點，被定義在送出按鈕剛被按下之後（放開按鍵的一瞬間）、以及輸入內容正要送往網站伺服器之前。如果想讓 JavaScript 在這個時間點上執行某些處理動作，就可以將處理動作的函式指派給 onsubmit 事件，請回頭確認一下先前寫過的程式：

```
document.getElementById('form')
```

這裡先取得 HTML 中的<form id='form'>～</form>元素，接下來，針對此<form>元素下的 onsubmit 事件（在 JavaScript 的用語中，正確地來說是 onsubmit 事件屬性），指派 1 個函式準備撰寫處理程式。

```
document.getElementById('form').onsubmit = function() {
  console.log('已經按下搜尋按鈕');
};
```

在此函式後方的 {…} 大括弧中，需要寫入當 onsubmit 事件發生時想要執行的處理程式。此階段只是為了確認事件的運作狀況，所以是把「已經按下搜尋按鈕」輸出至主控台。

此段程式的格式，是在事件發生的時間點上執行某些處理動作的固定寫法，以下為簡化後的樣子：

> **語法** 在 HTML 元素上設定事件
>
> ```
> 取得的元素.onsubmit = function() {
>     處理程式
> };
> ```

這裡有幾個需要注意的重點。

onsubmit 事件的主角，並非被使用者點選的送出按鈕（<input type="submit">），此事件其實是發生在父元素的<form>之上。所以，語法中「取得的元素」部分，在前面的範例程式中寫成取得<form>元素。

step 2 讀取輸入內容後再輸出

接下來，便是撰寫「取得文字輸入欄的輸入內容」的程式，在使用者按了**搜尋**按鈕後的時間點上，讀取之前輸入至文字輸入欄中的內容。首先請編輯 index. html 中 HTML 的部分，新增 1 個輸入用的文字輸入欄，而且此文字輸入欄 <input type="text"> 需要加上屬性值為「word」的 name 屬性。另外，為了讓輸入的文字內容在讀取以及加工之後，有個可以輸出的位置，請先在 <form>～</form> 的後面增加 1 組「<p></p>」，並且在 <p> 標籤中加上屬性值為「output」的 id 屬性。

⤓ 4-01_input/step2/index.html `HTML`

```
18 <section>
19   <form action="#" id="form">
20     <input type="text" name="word">
21     <input type="submit" value="搜尋">
22   </form>
23   <p id="output"></p>
24 </section>
```

以瀏覽器開啟 index.html 檔案，確認文字輸入欄是否已經添加至網頁中。

▼ 增加文字輸入欄

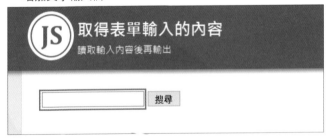

這裡先為您整理一下表單的重點功能。

文字輸入欄（Text Area）、單選按鈕（Radio Button）、核取方塊（Checkbox）以及下拉式選單（Pull-Down List）等表單元件都有相當多的屬性，在這些眾多的屬性當中，決定其類型的 type 屬性、以及傳送資料時不可缺少 name 屬性最為重要。

name 屬性所指定的值, 在把資料送往網頁伺服器的時候, 會成為該筆資料的「名字」。如果以 JavaScript 來比喻, 就像是儲存著資料的變數名稱。

▼ name 屬性與傳送資料時的示意圖

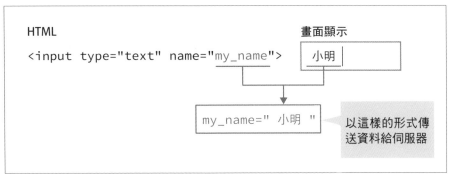

如果這些表單元件沒有指定 name 屬性的名字, 那麼接收資料的伺服器程式便無法處理沒有名字的資料。因此, 通常所有的表單元件都會加上 name 屬性並賦予內容值（送出按鈕可以不加）。

另外, 以 JavaScript 讀取表單中的輸入內容時, 也需要用到 name 屬性。

所以下面的程式, 就是在按了送出按鈕後的時間點上, 利用 name 屬性讀取文字輸入欄中的輸入內容, 然後將取得的內容輸出至<p id="output"></p>的位置。這裡請把 step 1 所寫的 console.log 指令以註解方式排除或直接刪除。

List

⤓ 4-01_input/step2/index.html　HTML

```
28  document.getElementById('form').onsubmit = function() {
29      var search = document.getElementById('form').word.value;
30      document.getElementById('output').textContent = '『' + search + '』搜尋中…';
31  };
```

以瀏覽器確認執行狀況, 若在文字輸入欄中輸入任意內容、再點選**搜尋**按鈕…啊！一瞬間好像看到什麼訊息, 不過又立刻消失在畫面上。

▼ 按下「搜尋」按鈕之後，已經輸入的文字會消失

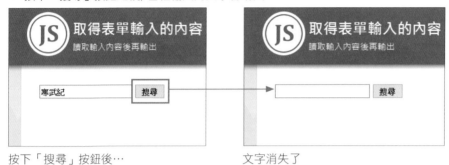

按下「搜尋」按鈕後…　　　　　　　　　文字消失了

　　這樣的異常狀況需要想辦法解決，請重整一下網頁，同時仔細注意頁面上瞬間出現的文字，應該可以看到：

『輸入文字』搜尋中…

的文字訊息一閃而過。也就是説，練習程式的第 30 行其實有正常執行。

再來請看到瀏覽器的網址列，網址的最後面被附加了額外的字串。

▼ 網址後面增加的字串

Firefox / Chrome / Safari

Edge / IE

　　請回想一下之前 step 1 說明過的表單基本運作方式，<form> 在使用者按下送出按鈕之後，會把輸入的資料傳送至 action 屬性指定的網址，而被送出的資料即是網址最後面增加的「?word=***」。

　　像這樣網址列中的網址雖然只有些許變化，不過瀏覽器會認為「顯示下個網頁的指令來囉！」，所以準備讀取下個網頁顯示在畫面上。但是，因為 action 屬性當中指定的網址為「#」，結果讓瀏覽器移到相同的網頁（最上方），也就是説，原本應該要移至其他頁面的動作，卻變成類似重新讀取或重整頁面的效果，因此造成文字顯示後立即消失的現象。

▼ 文字瞬間顯示又消失的原因在於重新讀入網頁！

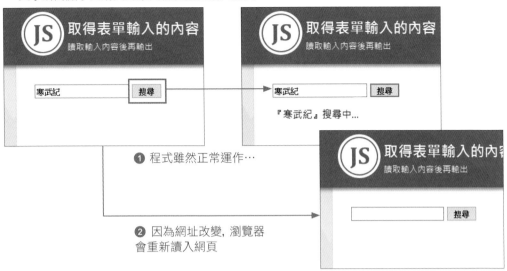

❶ 程式雖然正常運作…

❷ 因為網址改變, 瀏覽器
會重新讀入網頁

　　為了解決上述的問題, 只要讓瀏覽器不重新讀取網頁即可。而想要達成這樣的目的, 需要設法中斷表單原本的執行流程, 也就是取消「按下送出按鈕後會傳送資料」的動作, 請在程式中增加 1 行指令。

List

⤓ 4-01_input/step2/index.html　HTML

```
27 <script>
28 document.getElementById('form').onsubmit = function() {
29   var search = document.getElementById('form').word.value;
30   document.getElementById('output').textContent = '『' + search + '』搜尋中...';
31   return false;
32 };
</script>
```

　　然後再次以瀏覽器確認執行狀況, 先在文字輸入欄內輸入一些內容, 按下**搜尋**按鈕之後, 應該可以看到先前輸入的內容顯示在文字輸入欄的下方, 而這也正是 HTML 中 <p id="output"></p> 的位置。因為中斷了表單的基本流程, 不會執行送出資料的動作, 瀏覽器也就不會移轉、重讀網頁。

▼ 「『輸入文字』搜尋中...」的文字不會消失

 解 說

 讀取表單的輸入內容

雖然事件的處理程式寫法很重要，不過讀取表單的輸入內容也相當重要，想要讀取使用者在表單中輸入的內容，可以使用如下的語法：

語法　讀取表單輸入的內容

取得的<form>元素.欲取得元件的 name 屬性.value

請看著練習時寫過的程式複習一下。

```
var search =
```

在第 29 行的位置宣告了變數 search，這是為了取得文字輸入欄的輸入內容後，有個地方可以儲存輸入內容。

為了讀取使用者輸入的內容，如同上面的語法，首先需要取得<form>元素，也就是範例程式中 HTML 的 <form id="form"> </form> 部分，利用先前已經使用過好幾次的 getElementById 方法即可取得 <form> 元素。

```
var search = document.getElementById('form')
```

接下來是非常重要的部分，對於想要讀取其輸入內容的表單元件，需要確認它的 name 屬性值（此表單元件當然必須位於<form>～</form>之間的位置）。下面即是想讀取其內容的文字輸入欄的完整 HTML 標籤。

```
20  <input type="text" name="word">
```

再來看到實際執行讀取動作的 JavaScript 程式部分，因為文字輸入欄的 name 屬性值為 word，所以寫上屬性值 word。

```
var search = document.getElementById('form').word
```

如此一來，程式便取得了文字輸入欄的<input type="text">標籤，之後只剩取出當中輸入內容的步驟。而所有輸入至<input>開頭的 form 元件的輸入內容，都會被儲存在各元件的 value 屬性之內。

```
var search = document.getElementById('form').word.value
```

讀取輸入內容的程式指令到此全部完成，最後將取得的文字輸入欄內容，存入變數 search 當中。

而第 30 行的程式，則是將變數 search 儲存的輸入內容，輸出至 <p id="output">～</p> 的位置，對這行程式有些疑問的讀者，請回頭複習一下 3-8 等小節的內容。

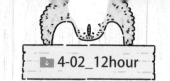

4-2

顯示易讀的日期時間格式

Date 物件

本節將會使用 Date 這個物件，它是取得、設定以及計算日期時間的物件。此 Date 物件雖然已經在 2-4 節出現過，不過當時只是用來取得程式執行時的時間點，然後將取得的日期時間直接輸出至 HTML。而此次會對取得的時間做一些加工的動作，輸出成一般慣用的 12 小時制。

▼ 本節的目標

顯示易讀的日期時間格式
請試著改為12小時制

最後連線的日期時間：2016/3/15 3:38p.m.

> 取得現在的日期時間，再以 12 小時制的格式顯示。

顯示年月日與時間

請由複製「_template」資料夾的步驟開始，並且將新複製的資料夾命名為「4-02_12hour」。首先需要確保 HTML 部分中顯示日期時間的位置，此程式預計輸出至 `<span id="time">～</span>` 標籤之間。

4-02_12hour/step1/index.html `HTML`

```
18 <section>
19   <p>最後連線的日期時間：<span id="time"></span></p>
20 </section>
```

如此便完成了撰寫程式前的準備工作。

取得日期時間之後，若是直接輸出至畫面會變成什麼樣子？請回想一下 2-4 節範例程式的顯示結果，不太像常見的日期格式。

▼ 2-4 節範例程式的顯示結果

下面將利用程式把時間轉換成「2015/15/24 12:23」的樣子，以「年/月/日 時:分」的格式顯示在畫面上。為了達成這樣的效果，需要分別取得年、月、日、時、分的數值，過程中會用到字串合併的做法，請試著開始動手撰寫程式吧！

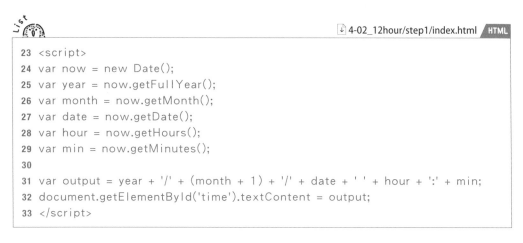

⤓ 4-02_12hour/step1/index.html HTML

```
23 <script>
24 var now = new Date();
25 var year = now.getFullYear();
26 var month = now.getMonth();
27 var date = now.getDate();
28 var hour = now.getHours();
29 var min = now.getMinutes();
30
31 var output = year + '/' + (month + 1) + '/' + date + ' ' + hour + ':' + min;
32 document.getElementById('time').textContent = output;
33 </script>
```

以瀏覽器確認程式運作狀況，目前畫面上可以看到 24 小時制的時間。

▼ 除了年月日之外，還以 24 小時制顯示時間

 Date 物件

Date 物件是用來處理日期時間的物件,可以做到下列事項:

1. 取得現在的日期時間
2. 設定儲存過去或未來的日期時間
3. 計算日期時間

其中 1 的「取得現在的日期時間」就是這裡所練習的;而 2「設定儲存過去或未來的日期時間」其實和 3 有些關連,舉例來說,如果先設定了某個未來的日期時間,然後減去現在的時間,就能算出「還有幾天?」的結果。

另外 3 的「計算日期時間」,因為日期時間的計算並非單純的加法或減法運算,舉例來說,如果現在是 4 月 27 日,那麼 5 天之後並不是 27+5 的 4 月 32 日,而是 5 月 2 日。若利用 Date 物件的功能,就能簡單地完成日期時間計算。

● Date 必須做初始化的動作

既然說是 Date "物件", 當然具有專屬的方法與屬性。

想使用 Date 物件的時候, 也就是想設定或計算日期時間的時候, 一開始需要先執行初始化的動作, 請看練習程式第 24 行的地方。

```
24 var now = new Date();
```

此行指令就是對 Date 物件做初始化的動作, 然後指派給變數 now。而其中的 new 是初始化物件專用的關鍵字, 除了這裡登場的 Date 物件之外, 還有一些物件需要以 new 語句進行初始化之後才能使用。

指派給變數 now 的 Date 物件其實是「經過初始化後的 Date 物件」, 之後在程式中引用變數 now, 即可取得當中儲存的日期時間、或執行時間計算的動作。

另外, 進行初始化的時候, 如果 ( ) 括弧內像這裡沒有指定參數, Date 物件會以記憶現在日期時間本完成初始化動作。

以記憶目前時間的 Date 物件進行初始化

```
new Date();
```

話說回來,「記憶著現在日期時間的狀態」有什麼意義呢?在這樣的狀態下,如果想輸出或計算日期時間,而對變數 now 下達:

- 「**請輸出日期時間**」的指令,它會輸出現在的日期時間
- 「**請輸出 10 天後是什麼日子**」的指令,它會輸出現在起算 10 天後的日期

以上 2 個例子都是以現在的日期時間當作「基準時間點」,也就是說,因為完成初始化的 Date 物件記憶著基準時間點,才能達成輸出或計算日期的效果。

● 分別取得年、月、日等資訊

接下來,我們要從記憶著現在日期時間的 Date 物件,分別取得年月日等數值。取得年份的指令如下所示,數值會存入變數 year 中。

```
25 var year = now.getFullYear();
```

然後按照順序取得月、日、時、分的數值,並分別存入變數 month、date、hour 以及 min 之中。

```
26 var month = now.getMonth();
27 var date = now.getDate();
28 var hour = now.getHours();
29 var min = now.getMinutes();
```

而接續在 now 後面的 getFullYear、getMonth、getDate…等語句,全部都是 Date 物件專屬的方法。

這裡唯一必須特別注意的是取得月份的 getMonth 方法,若使用此方法取得月份,實際上會獲得「月份數字-1」的數值,也就是 1 月會得到「0」、2 月會得到「1」、…12 月則會得到「11」。因為這樣的緣故,想要輸出正確的日期時,必須把取得的月份數值加 1 之後再輸出。

▼ 從 Date 物件取得日期時間的方法

方法	功用說明
getFullYear()	取得年份（西元）
getMonth()	取得0〜11的月份數值（0為1月）
getDate()	取得日的數值
getDay();	取得0〜6的星期數值（0為星期天）
getHours()	取得時的數值
getMinutes()	取得分的數值
getSeconds()	取得秒的數值
getMilliseconds()	取得0〜999的毫秒數值
getTimezoneOffset()	取得時區時差
getTime()	取得1970年1月1日0時到記憶時間的毫秒數
setFullYear(年)	設定年份（西元）
setMonth(月)	設定0〜11的月份數值（0為1月）
setDate(日)	設定日的數值
setHours(時)	設定時的數值
setMinutes(分)	設定分的數值
setSeconds(秒)	設定秒的數值
setMilliseconds(毫秒)	設定0〜999的毫秒數值
setTime(毫秒)	設定1970年1月1日0時到記憶時間的毫秒數

● 取得之後就可以輸出

到目前為止的程式，已經取得現在的年、月、日、時、分等數值，並且存入對應的變數中，再來只需要利用字串合併的方式組合成完整的時間，再輸出至 HTML 即可。字串合併的處理動作在程式的第 31 行。

```
31 var output = year + '/' + (month + 1) + '/' + date + ' ' + hour + ':' + min;
```

這裡把日期時間串聯成「年/月/日 時:分」的格式，然後存入變數 output 中。如同前面的說明，因為 Date 物件的 getMonth 方法所取得的其實是「月份數字-1」的數值，需要額外加 1 。而用 () 括弧圍起來的地方會比其他部分優先執行，讓程式先完成加法運算後再進行字串合併。

最後 1 行程式，則是將變數 output 當中儲存的日期時間訊息，存入<span id="time">〜</span>的 textContent 屬性，讓日期時間顯示在網頁上。

也有物件不需要做初始化的動作

在 JavaScript 物件中，有些物件和 Date 物件相同，使用的時候必須以 new 關鍵字做「初始化」的動作，而另外一方面，例如 4-4 節中曾經介紹過的 Math 物件、還有 window 物件以及 document 物件等物件則不需要執行初始化的動作。為什麼有些物件需要初始化，而有些物件又不需要初始化呢？某物件是否需要執行初始化的動作，可以用下列的方式簡單做個判斷：

▶ **可建立多個物件的物件需要初始化**

▶ **無法建立多個物件的物件不必初始化**

● **「可建立多個」的 Date 物件**

Date 物件是本書第 1 個介紹需要初始化的物件，而需要進行初始化的物件，其實都來自於具有物件方法與屬性的「原始物件」。這類的物件在使用的時候，必須完整複製 1 份原始物件，然後將複製出來的副本物件存放在變數等地方（正確來說是儲存在記憶體中）。而這樣的複製過程就是「初始化」的意義，Date 物件的原始物件雖然只有 1 個，不過透過物件複製就能產生多個分身。

▼ 「初始化」其實是複製原始物件

▼ 因為能建立多個物件複本，所以可以用來計算日期

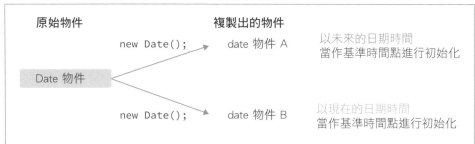

經過複製過程、儲存在變數當中的 Date 物件，雖然其具有的方法與屬性和原來的 Date 物件完全相同，不過這些複製出來的 Date 物件，都可以分別賦予不同的屬性值。因此，撰寫程式的時候，可以建立多個、記憶著不同基準時間點的 Date 物件，然後利用這些 Date 物件，以「未來的日期-現在的日期」方式進行時間運算。

● 「無法建立多個」的 Math 物件

另外一方面，4-4 節介紹過的 Math 物件無法執行複製的動作，因為 Math 物件的所有屬性都儲存著讀取專用的數值，不能、也不需要改寫當中儲存的屬性值，也不需要多個副本物件儲存不同的屬性值。因此，Math 物件不能對原始物件執行複製的動作，當然也不能建立多個物件副本。

 試著改為 12 小時制

在  中，由於程式直接輸出 Date 物件 getHour 方法所取得的數字，所以畫面上顯示的是 24 小時制的時間。到了這個階段，請稍微修改一下程式，試著將時間格式改為 12 小時制。因為 Date 物件本身沒有能直接取得 12 小時制時間的方法，必須自行對取得的資料做些加工的動作，而想要達成這樣的效果，只要組合運用前面說明過的程式功能即可做到。請試著先思考一下應該如何安排程式流程。

▼ 從 24 小時制改成 12 小時制

13:58 改成 1:58p.m. 要怎麼做呢？

答案不只 1 個，已經想到做法的讀者，請試著按照自己的想法寫出實際的程式碼，以下提供 1 個答案供您參考：

```
23 <script>
24 var now = new Date();
25 var year = now.getFullYear();
26 var month = now.getMonth();
27 var date = now.getDate();
28 var hour = now.getHours();
29 var min = now.getMinutes();
30 var ampm = '';
31 if(hour < 12) {
32   ampm = 'a.m.';
33 } else {
34   ampm = 'p.m.';
35 }
36 var output = year + '/' + (month + 1) + '/' + date + ' ' + (hour % 12) + ':' + min + ampm;
37 document.getElementById('time').textContent = output;
38 </script>
```

以瀏覽器開啟 index.html 檔案, 確認是否已經改為 12 小時制的時間。

▼ 以 12 小時制顯示時間

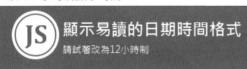

 解 說

 轉換的過程

　　想把 24 小時制改成 12 小時制的格式, 大致上需要 2 個處理動作；首先是判斷現在的時間為上午或下午, 如此才能決定要顯示「a.m.」或「p.m.」；另外就是將 0～23 的數字轉換成 0～12 的數字。請先記住這 2 個不可或缺的處理動作, 然後再看一下解答的範例程式。

　　範例程式的前半部是判斷時間為上午或下午, 然後將「a.m.」或「p.m.」的字串訊息存入變數 ampm。

新增的程式碼在一開始先宣告變數 ampm, 並且將空字串（字數為 0 的字串）存入其中, 準備接收上下午的判斷結果。

```
30  var ampm = '';
```

接下來, 當變數 hour 儲存的數值小於 12, 也就是現在時間為 0 時～11 時的時候, 把「a.m.」存入變數 ampm。而當變數 hour 儲存著其他數值, 也就是現在時間為 12 時～23 時的時候存入「p.m.」。

```
31  if(hour < 12) {
32      ampm = 'a.m.';
33  } else {
34      ampm = 'p.m.';
35  }
```

再來便是將 0～23 的數字轉換成 0～12 的處理部分。只要把時間訊息合併中的變數 hour 改成下面的樣子, 取得 24 小時制數字除以 12 的餘數即可。

```
(hour % 12)
```

如此就完成了改為 12 小時制的工作。

撰寫對資料加工的程式時, 經常會用到 if 判斷句、變數、比較運算子、算術運算子、甚至是迴圈等基本的語法和符號。

而且, 想要寫出符合需求的加工程式, 先思考「應該如何安排程式流程呢？」是最重要的。雖然在練習的過程中難免會遇到一些失敗的狀況, 請讓自己慢慢地習慣程式的思考模式。如果您對此次的練習程式有些看不懂的地方, 請試著回頭複習 3-3 節、3-4 節以及 3-9 節的內容。

4-3

↓ 4-03_digit

補「0」讓數字的位數對齊
將數字轉換成字串

為了讓畫面上的資料整齊美觀，經常需要在個位數字的前面補 0，使每個數字的長度相同。此次練習將會撰寫函式來處理這樣的需求，先以參數方式接收數字，然後在數字前方補 0 到指定的位數再回傳。具體來說，就是將「1」、「2」…的數字轉換成「01」、「02」…的樣子，至於如何實現這樣的功能，請一邊動腦思考一邊完成本節的練習吧！

▼ **本節的目標**

 補「0」讓數字的位數齊平
替曲目清單加上編號

Standards Revival MP3

01. Stella By Starlight

02. Satin Doll

03. Caravan

04. Besame Mucho

05. My Favorite Things

06. Taking A Chance On Love

07. Fly Me To The Moon

08. Waltz For Debby

09. Willow Weep For Me

10. Bluesette

> 將 10 首歌曲加上 1、2、3…的編號顯示在網頁上，而且在個位數前方補「0」。

step 1 撰寫函式

首先要完成能補足數字位數的函式，然後先把處理結果輸出至主控台，測試函式的功能是否正常。

想寫出能補 0 調整數字位數的函式，它的功能應該如下圖所示：以參數的方式接收數字之後，在數字的前方加 0 再回傳。

▼ 函式輸入→輸出的大致流程

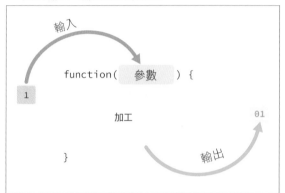

而且，如果還可以指定需要的位數，那麼此函式的用途會更加廣泛。舉例來說，若指定了「3 位數」，函式就能把「1」轉換成「001」回傳。因此，函式還需要以參數接收指定的位數。而函式的名稱在這裡設為 addZero。

接下來要正式撰寫程式了，先來完成函式的基本架構以及測試功能的部分。請從複製「_template」資料夾的步驟開始，並且將新複製出來的資料夾命名為「4-03_digit」，再編輯其中的 index.html 檔案。

List　　　　　　　　　　　　　　　　　　　　　⤓ 4-03_digit/step1/index.html `HTML`

```
10 <body>
   … 省略
22 <footer>JavaScript Samples</footer>
23 <script>
24 var addZero = function(num, digit) {
25
26 }
27
28 console.log(addZero(1, 2));
29 </script>
30 </body>
```

下列的程式碼是 addZero 基本架構，之後會再撰寫其中的加工處理程式。這裡請先看到 () 括弧中的參數。

▼ 請注意 addZero 函式 () 括弧中參數的部分

```
24 var addZero = function(num, digit) {
25
26 }
```

此函式需要傳遞 2 個參數，也就是 num 與 digit。num 是實際需要調整位數長度的數字，而 digit 則讓函式可以接收指定的位數。像這樣需要多個參數的時候，() 括弧中的每個參數之間必須以逗號隔開。

最後的 console.log 是為了測試函式功能的部分，此行程式呼叫 addZero 函式，將執行結果輸出至主控台。

▼ 呼叫 addZero 函式的地方，請注意 () 括弧中參數的部分

```
28 console.log(addZero(1, 2));
```

呼叫 addZero 函式的時候，傳遞了 1 和 2 這 2 個以逗號隔開的參數，這 2 個參數代表了「請將數字 1 調整成 2 位數」的意思。

接下來開始撰寫 addZero 函式內容的處理程式。

⬇ 4-03_digit/step1/index.html　HTML

```
23 <script>
24 var addZero = function(num, digit) {
25   var numString = String(num);
26   while(numString.length < digit) {
27     numString = '0' + numString;
28   }
29   return numString;
30 }
31
32 console.log(addZero(1, 2));
33 </script>
```

打開瀏覽器的主控台，確認 index.html 的執行狀況，顯示「01」表示順利完成。

▼ 傳送給 addZero 函式的數字經過調整後輸出至主控台

這裡請做些測試動作，將 console.log(addZero(1, 2));中的 2 個參數改成各種不同的數值，確認函式是否會按照先前的設定傳回正確的資料。如果像下圖一樣指定「將數字 15 改成 2 位數」，函式就不會在數字前面補 0。

▼ 改變 addZero(1, 2)參數後重讀網頁的結果

log(**addZero(**8,2**)**)   log(**addZero(**15,2**)**)   log(**addZero(**7,3**)**)

  解 說

函式的運作機制與其中的處理程式

接下來分析一下 addZero 函式的運作機制吧！此函式會接收 2 個參數，第 1 個參數 num 是實際需要調整位數長度的數值，而第 2 個 digit 用來指定需要的位數長度。在將數字存入 num 與 digit 以參數形式傳遞資料給 addZero 函式時，這 2 個數字都是「數值」型別的資料，請您先記住這件事情。

然後，完成的練習程式先把「1」存入 num，而 digit 則填入「2」的指定位數，也就是說，按照最初設定的函式功能，addZero 函式必須將「1」轉換成「01」再回傳。由於需要在 1 的前面加上 0，這樣的處理動作無法利用加法或減法等數學運算方式達成，必須採用字串合併的方式才能做到。

▼ 數學運算無法產生「01」, 所以用字串合併出「01」

```
  0 + 1  →   1  ●───── 不會變成 01
 '0' + '1' → '01' ●───── 如此才能成為 01
```

因此, 原本是數值型別資料的 num, 需要先轉換成字串的型別, 這正是 addZero 函式內部第 1 行程式指令的功用, 將 num 當中儲存的數值轉換成字串型別的資料, 然後存入變數 numString 中。

```
25 var numString = String(num);
```

String()是用來轉換資料型別的方法, 它可以把()內以參數形式傳遞的資料轉換成字串型別。在這裡等於「把數字的 1 轉換成字串的'1'」的意思, 捨棄原本數值可以運算的特性, 變成能執行字串合併的資料, 之後只要在達到 digit 指定的位數長度前, 以字串合併的方式加上 0 即可, 而補 0 的處理動作是在下面的 while 迴圈中進行。

```
26 while(numString.length < digit) {
27   numString = '0' + numString;
28 }
```

while 迴圈的條件式之中, 引用了字串資料的 length 屬性, 字串資料的 length 屬性值為該字串的文字數量, 也就是説:

'1'的 length 為 1

'01'的 length 為 2

'001'的 length 為 3

前面曾經説明過, 陣列的 length 屬性值為資料項目的數量 3-10 Step2「讀取陣列中的所有項目資料」, 不過字串資料的 length 屬性值代表著字串的字數, 像這樣名稱雖然相同, 但是功能卻有所差異的屬性和方法有很多, 使用的時候請注意它們之間的差別, 不要搞混了。

再回到 while 迴圈部分的説明, 當 numString 為字串「1」的時候(而且此時 digit 為 2), 條件式的評斷結果將為 true。

▼ 條件式的評斷結果

```
numString.length < digit  →  1 < 2  →  true
                              │
                              這個 1 是 numString 的字數
```

　　如果條件式的評斷結果為 true，迴圈{…}大括弧中的程式就會被執行，在 numString（儲存著字串'1'）的前方加上'0'，再將合併後的 '01' 存入 numString。

```
27  numString = '0' + numString;
```

　　numString 儲存的資料變成 '01' 之後，由於 while 的條件式也跟著變成 false，程式不會再重複執行迴圈，而是移到 while 迴圈的下 1 行，回傳 numString 當中儲存的數值，結束整個函式的流程。

```
29  return numString;
```

　　以上便是 addZero 函式執行過程的全貌，此函式可以用在很多地方，後面的 將會介紹 1 個簡單的應用實例。

 ## 替曲目清單加上編號

　　在這個階段中，請試著運用 完成的函式，在曲目清單的歌名前方加上編號，編號需要透過函式調整其位數長度。首先，為了預留曲目清單輸出的位置，請編輯 index.html 檔案 HTML 的部分，增加<div>標籤並附上 id 屬性「list」。

⤓ 4-03_digit/step2/index.html HTML

```
18  <section>
19    <h2>Standards Revival MP3</h2>
20    <div id="list">
21    </div>
22  </section>
```

　　然後在 完成的函式後方追加撰寫程式。

陣列 songs 當中的資料可以自行改成喜歡的歌曲（不是真實的歌名也沒有關係），追加的程式會按照陣列 songs 的資料數量，反覆在 <div id="list">～</div> 中增加 <p> 標籤。

↓ 4-03_digit/step2/index.html `HTML`

```
25 <script>
26 var addZero = function(num, digit) {
27   var numString = String(num);
28   while(numString.length < digit) {
29     numString = '0' + numString;
30   }
31   return numString;
32 }
33
34 var songs = [
35   'Stella By Starlight',
36   'Satin Doll',
37   'Caravan',
38   'Besame Mucho',
39   'My Favorite Things',
40   'Taking A Chance On Love',
41   'Fly Me To The Moon',
42   'Waltz For Debby',
43   'Willow Weep For Me',
44   'Bluesette'
45 ];
46 for(var i = 0; i < songs.length; i++) {
47   var paragraph = document.createElement('p');
48   paragraph.textContent = addZero(i + 1, 2) + '. ' + songs[i];
49   document.getElementById('list').appendChild(paragraph);
50 }
51 </script>
```

🐛 陣列太長時可以在適當位置換行

當陣列的資料項目很多、或每個項目資料的長度較長時，可以在 [] 中括號的前後、或是逗號後方的位置換行，讓程式碼比較容易閱讀。

以瀏覽器確認執行狀況的時候，每首歌曲編號的位數就會被調整成相同的長度。

▼ 加上編號的曲目清單

在 for 迴圈反覆執行的過程中，程式產生出與陣列 songs 項目數量相同的 <p> 標籤，然後拿調整過位數的編號和陣列中的資料（歌名）做字串合併，再指派成為 <p> 標籤的文字內容，顯示在網頁畫面上。for 迴圈的運作方式基本上與 3-10 節的範例程式相同，無法理解運作過程的讀者請參考一下前面的解說內容。

呼叫函式調整位數的地方在此行程式：

```
48 paragraph.textContent = addZero(i + 1, 2) + '. ' + songs[i];
```

例如在第 1 輪迴圈的時候，程式會依照「01. Stella By Starlight」的格式，以「陣列索引編號+1 再調整位數的數字」、「. 」和「第 0 號的陣列資料」的順序做字串合併。因為點號（.）後方有個半形空白，所以歌名的前方有個空格。

▼ 字串合併的示意圖

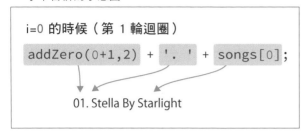

為了要從陣列讀取資料，也就是為了配合陣列的索引編號，迴圈控制變數 i 以 0 為起始值。不過，第 1 首歌曲的編號如果從「00」開始，看起來會跟一般的習慣不同，因此在呼叫 addZero 的時候，將第 1 個參數（需調整位數的數值）指定成「變數 i+1」，如此一來，第 1 首歌曲的編號就不會是「00」、而是「01」了。

🐛 字串資料與 String 物件

在 JavaScript 的世界中，「String 物件」是專門用來處理字串資料的物件。 理所當然地，String 物件也擁有其專屬的方法和屬性，而可以取得儲存文字數量的 length 屬性就是其中之一。

另外，此次的練習中曾經使用過 String() 方法，將數值資料轉換成字串資料，此 String() 方法可以將填入 () 括弧內的數值等資料轉換成字串型別的資料，之後就能利用 String 物件的方法或屬性來處理轉換後的資料。

4-4

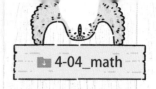
4-04_math

小數點第〇位無條件捨去
Math 物件

此小節將會完成「小數點第〇位」無條件捨去的函式，範例是讓圓周率在小數點的第 2 位無條件捨去，然後顯示在網頁之上。加法和減法等四則運算可以利用運算符號達成，不過其它的數學運算則需要倚賴名為「Math 物件」的特殊物件。此節就來練習 Math 物件的幾個方法。

▼ 本節的目標

JS **在小數點第〇位無條件捨去**
四則運算以外的數學運算

圓周率為 3.141592653589793 。

只取整數的數字為 3 。

小數點第2位以下無條件捨去則為 3.14 。

指定「小數點第 〇 位」無條件捨去，然後呈現在畫面上。

 step 1 四則運算以外的數學運算

在這小節的練習中，將會針對帶有小數點的數字，撰寫出能在「小數點第〇位」無條件捨去的函式。以實際的例子來說，如果原本的數字是 3.1415，在小數點第 2 位無條件捨去則變成 3.14。

但是，由於前面的程式都沒有實作過四則運算以外的計算方式，為了讓各位讀者熟悉一下 Math 物件的使用方式，這裡先練習一下 Math 物件的幾個方法。

請從複製「_template」資料夾的動作開始，並且將新複製的資料夾命名為「4-04_math」，再進行編輯 index.html 的作業。

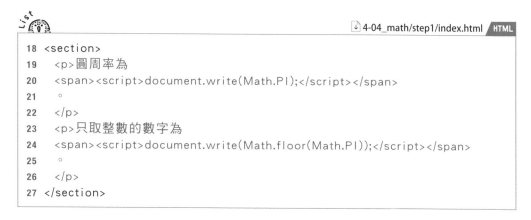

4-04_math/step1/index.html HTML

```
18  <section>
19    <p>圓周率為
20    <span><script>document.write(Math.PI);</script></span>
21    。
22    </p>
23    <p>只取整數的數字為
24    <span><script>document.write(Math.floor(Math.PI));</script></span>
25    。
26    </p>
27  </section>
```

之後以瀏覽器開啟 index.html 檔案確認執行結果，網頁的第 1 行應該會顯示圓周率為 3.141592653589793，第 2 行則是捨去小數部份的整數 3。

▼ 將圓周率捨去小數點以下部分的 3 顯示於畫面上

簡單說明一下這邊所使用到的功能，首先，Math 物件具有其專屬的方法和屬性，這對 "物件" 來說是理所當然的。而 Math 物件設定了 8 個數學上的常數做為它的屬性，其中的 Math.PI 是儲存著圓周率的屬性，其值為 3.141592653589793。

語法 圓周率

Math.PI

而 Math 物件的 floor 方法，會把 () 括弧中數值的小數點以下部分捨去，將圓周率 Math.PI 小數點以下的部分捨去，會得到 3 的結果。

* 嚴格來說，Math.floor 方法是回傳比 () 括弧中數值小的最大整數，例如 Math.floor(3.14)會得到 3，不過 Math.floor (-3.14) 會得到 -4 的數值。

Math.floor(數值)

以上是 Math 物件的基本用法練習,接下來回歸到此小節的主題吧!如何才能做到捨去小數點第○位以下的部分,這才是撰寫程式的關鍵問題。

Math 物件最接近無條件捨去的方法只有 floor,也就是說,在 JavaScript 內建的功能中,並沒有專門用來做小數點以下第○位捨去的方法,那麼要如何完成此小節的目標呢?

(獨力思考程式流程是非常重要的事情,即使想不到答案也請先思考一下再往下看)

您的心中有答案了嗎?既然 floor 方法只能捨去小數點以下的部分,那麼只要設法把小數點移到要捨去部分的前面位置即可,按照這樣的思考邏輯可以整理成下列的步驟:

① 將 10 相乘○次,這裡的○是「小數點第○位」中的○數值。舉例來說,如果○為 2,就把 10 相乘 2 次,計算 10×10 的結果,用數學上的說法便是 10 的 2 次方

② 將原本數字乘上 ① 的結果,用這樣的方式移動小數點

③ 小數點移動之後,捨去小數點以下的部分(也就是使用 floor 方法)

④ 將捨去小數點後的數字除以 ① 的結果,將小數點移回原本位置

接下來正式開始撰寫程式吧!這裡先來完成捨去數字的函式部分,函式的名稱請設定為 point。

↓ 4-04_math/step1/index.html 　HTML

```
10 <body>
   …省略
29 <footer>JavaScript Samples</footer>
30 <script>
31 var point = function(num, digit) {
32   var time = Math.pow(10, digit);
33   return Math.floor(num * time) / time;
34 }
35 </script>
36 </body>
```

上面的程式碼出現了沒看過的方法，因為不知道這樣的程式能否達成預期的效果，您可能會覺得有些不安，不過只要看到執行結果就一切明瞭了。為了輸出此段程式的結果，請在 HTML 和程式的部分增加新的內容，將結果輸出到 <span id="output"> 〜 </span> 之中。

List

⤓ 4-04_math/step1/index.html　HTML

```
18  <section>
19    <p>圓周率為
20    <span><script>document.write(Math.PI);</script></span>
21    。
22    </p>
23    <p>只取整數的數字為
24    <span><script>document.write(Math.floor(Math.PI));</script></span>
25    。
26    </p>
27    <p>小數點第 2 位以下無條件捨去則為<span id="output"></span>。</p>
28  </section>
    … 省略
31  <script>
32  var point = function(num, digit) {
33    var time = Math.pow(10, digit);
34    return Math.floor(num * time) / time;
35  }
36
37  document.getElementById('output').textContent = point(Math.PI, 2);
38  </script>
39  </body>
```

如此便完成了此小節的程式，以瀏覽器確認的時候，如果出現「小數點第 2 位以下無條件捨去則為 3.14。」的訊息即為成功，當中的「3.14」正是函式的回傳值。

▼ 捨去圓周率小數點第 2 位以下的部分，顯示 3.14 的結果

4-33

Math 物件與 point 函式的處理過程

這裡說明一下前面完成的 point 函式, 此函式接收了 2 個參數, 第 1 個是想在小數點第○位無條件捨去的原本數字, 第 2 個則是指定「小數點第○位」中○的數字, 這 2 個數字分別儲存在 num 和 digit 之中。

32 var point = function(num, digit) {

下 1 行程式計算了 10 的 digit 次方, 也就是將 10 相乘 digit 次, 然後將計算的結果存入變數 time 中。

33 var time = Math.pow(10, digit);

說到 Math 物件 pow 方法的功能, 假如 ( ) 括弧內第 1 個參數為 a, 第 2 個為 b, 那麼此方法會回傳 a 的 b 次方結果數字。

> **語法** 取得 a 的 b 次方
>
> ## Math.pow(a,b)

此次的練習程式, 實際上是以 point(Math.PI, 2)指令呼叫函式, 因為呼叫時把 2 傳遞給參數 digit, 所以函式中會將 10^2 =100 的結果存入變數 time。

再下 1 行會回傳此函式的處理結果至呼叫的地方。首先計算 num × time 藉以移動小數點, 然後利用 floor 方法捨去小數點以下的數字, 最後除以 time 讓小數點歸位再回傳。

34 return Math.floor(num * time) / time;

來看一下整個運算的過程吧, 一開始先將儲存在 num 中的 Math.PI（實際的數值為 3.1415...）乘上變數 time：

3.141592653589793 × 100 → 314.1592653589793

讓小數點往右移動 2 位, 然後把此數值小數點以下的部分捨去：

314.1592653589793 → 314

再將得到的數值除以變數 time, 讓小數點回到原本的位置：

314 → 3.14

最後把結果回傳至呼叫的地方, 結束整個函式的處理程序, 的確符合了撰寫程式前所設想的處理流程。

 ## Math 物件

Math 物件除了擁有許多和計算有關的方法, 還預先寫入了一些屬性, 用來儲存數學上相當有代表性的常數（例如此節使用過的圓周率）。**而 Math 物件的屬性全部都是只能讀取的屬性, 不能對其中的數值進行改寫的動作**, 因為無論是什麼樣的狀況下, 都不需要去改寫像是圓周率這樣的常數。

Math 物件和 Date 物件不同, 使用的時候不必執行初始化的動作, 也就是說, 不需要在程式中寫入下面的指令, 更正確一點來講是絕對不能這樣寫。

▼ Math 物件不需要初始化

　　✕　　var math = new Math();

此小節的最後, 先讓您知道 Math 物件有哪些主要的屬性和方法, 只要運用得宜, 輕輕鬆鬆就能寫出類似高性能計算機的功能, 雖然本書不會提及這些內容, 不過遇到在 HTML5 的<canvas>元素中繪圖、或計算 CSS3 的 transform 和 transform3d 屬性數值等狀況時, 經常會使用到 Math 物件的這些功能, 對圖像或動畫處理有興趣的讀者可以試著尋找相關的資訊。

▼ Math 物件主要的屬性與方法

屬性	說明
Math.PI	圓周率, 約3.14159
Math.SQRT1_2	1/2的平方根, 約0.707
Math.SQRT2	2的平方根, 約1.414

方法	說明
Math.abs(**x**)	**x** 的絕對值
Math.atan2(**y,x**)	原點到座標 (**x,y**) 與 x 軸間的夾角(弧度)
Math.ceil(**x**)	比 **x** 大的最小整數

方法	說明
Math.cos(**x**)	**x** 的 cos 餘弦值
Math.floor(**x**)	比 **x** 小的最大整數
Math.max(**a,b,...**)	回傳參數 **a**、**b**... 當中最大的數字
Math.max(**a,b,...**)	回傳參數 **a**、**b**... 當中最大的數字
Math.pow(**x,y**)	**x** 的 **y** 次方
Math.random()	大於或等於 0 且小於 1 的亂數
Math.round(**x**)	在 **x** 小數點第 1 位四捨五入, 取最接近整數
Math.sin(**x**)	**x** 的 sin 正弦值
Math.sqrt(**x**)	**x** 的平方根
Math.tan(**x**)	**x** 的 tan 正切值

Math.random 的說明

　　「『3-4 猜數字遊戲』和『3-7 在主控台中打倒怪獸！』都使用到 Math 物件 random 方法, 這裡為您解說它的功能。

　　random 方法如同上面的一覽表所示, 會產生大於或等於 0 且小於 1（最大值為 0.999...）的亂數, () 括弧內不需填入任何東西, 請試著在瀏覽器主控台的輸入框中輸入以下的指令, 確認一下是否每次都會出現不同的數值。

▼ 在主控台輸入下列的程式指令

```
Math.random()
```

　　不過這樣 0～1 之間的小數使用起來不太方便, 通常都會調整成大於 0 或 1 的整數。

　　如果想要取得 1 以上的亂數, 可以使用類似下面的寫法, 而實際應用於程式當中的時候, 請把 x 換成「欲取得數值的上限」。

```
Math.floor(Math.random() * x ) + 1
```

　　舉例來說, 想取得和骰子相同的 1～6 數字時, 可以寫成這樣:

```
Math.floor(Math.random() * 6) + 1
```

JavaScript 的應用技巧

　　這個章節將進一步介紹 JavaScript 的應用層面，寫出更為貼近實務的程式。會從計算 Date 物件的日期開始，到橫跨不同頁面的資料傳遞或 cookie 的使用方式等相關功能，達成更加複雜的資料輸出入處理和加工程序。另外，像是以 id 屬性之外的方式取得 HTML 元素後，設定事件撰寫程式，還有改寫 CSS 樣式等實際做法，也會在本章為您介紹。

5-1

倒數計時器

時間計算

5-01_countdown

這裡將使用 4-2 節介紹過的 Date 物件, 第 1 個例子是模仿某些活動公告網站的首頁, 試著製作出倒數計時器。第 2 個例子則是, 設定 1 個更久之後的時間點, 試著計算並顯示剩餘的時間。

▽ 本節的目標

為了在網頁上顯示倒數計時器, 必須每隔 1 秒將未來的時間減去現在的時間。

撰寫能計算剩餘時間的函式

　　此階段將撰寫 1 個名為 countdown 的函式, 用來計算未來時間減掉現在時間的剩餘時間, 此函式需要完成下列的處理任務:

① 以參數方式接收設定的未來時間點 (此練習中稱之為終點時間)

② 將終點時間減去現在時刻

③ 回傳計算結果

在這個函式之中，不論是設定了終點時間的 Date 物件、或儲存著現在時刻的 Date 物件，2 個物件的時間都需要轉換成毫秒（1000 分之 1 秒）之後，才進行減法運算，然後根據得到的結果分別計算出「秒」、「分」、「時」和「日」等數字。請先在腦中記住此大致的處理方式，再試著動手撰寫程式。接下來請複製「_template」資料夾，並且把新複製的資料夾命名為「5-01_countdown」。

⬇ 5-01_countdown/step1/index.html   HTML

```
10 <body>
   … 省略
22 <footer>JavaScript Samples</footer>
23 <script>
24 var countdown = function(due) {
25   var now = new Date();
26
27   var rest = due.getTime() - now.getTime();
28   var sec = Math.floor(rest / 1000 % 60);
29   var min = Math.floor(rest / 1000 / 60) % 60;
30   var hours = Math.floor(rest / 1000 / 60 / 60) % 24;
31   var days = Math.floor(rest / 1000 / 60 / 60 / 24);
32   var count = [days, hours, min, sec];
33
34   return count;
35 }
36 </script>
```

因為現在撰寫的部分只是函式本身，如果沒有呼叫使用它，實際上不會執行任何的動作。為了確認此函式能否正常運作，請再撰寫呼叫函式的程式指令，並且將執行的結果輸出至瀏覽器的主控台中。

另外，因為 countdown 函式需要以參數的形式，接收記錄著終點時間的 Date 物件，因此在呼叫 countdown 函式之前，請先建立 1 個設定著當天 23 時 59 分 59 秒的 Date 物件，並且將此 Date 物件指派給變數 goal。

```
23 <script>
24 var countdown = function(due) {
    … 省略
35 }
36
37 var goal = new Date();
38 goal.setHours(23);
39 goal.setMinutes(59);
40 goal.setSeconds(59);
41
42 console.log(countdown(goal));
43 </script>
```

　　將瀏覽器的主控台打開, 再開啟 index.html 確認其運作狀況, 畫面上應該會顯示類似「0, 13, 45, 43」這樣有 4 個數字的陣列, 此陣列代表了到終點時間為止的剩餘時間, 以 [日, 時, 分, 秒] 的順序排列著。

▼ 現在到當天 23 時 59 分 59 秒的時間差距以[日, 時, 分, 秒]的形式呈現

　　確認了函式的功能正確無誤之後, 再來便是將這些數字輸出至 HTML, 請先編輯 HTML 區塊的內容。

```
18 <section>
19   <p>從現在開始<span id="timer"></span>內訂購的話打 5 折喔！</p>
20 </section>
```

　　接下來增加撰寫新的程式碼, 讓函式計算出的剩餘時間顯示在<span id="timer">～</span>之間。

```
23 <script>
   … 省略
37 var goal = new Date();
38 goal.setHours(23);
39 goal.setMinutes(59);
40 goal.setSeconds(59);
41
42 console.log(countdown(goal));
43 var counter = countdown(goal);
44 var time = counter[1] + '小時' + counter[2] + '分' + counter[3] + '秒';
45 document.getElementById('timer').textContent = time;
46 </script>
```

再度用瀏覽器確認 index.html 檔案,此時頁面上應該會顯示「從現在開始○小時△分□秒內訂購的話打 5 折喔!」的訊息。

▼ 在頁面上顯示到終點的剩餘時間

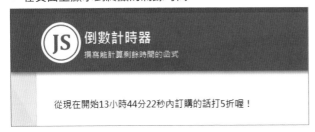

這裡先簡單看一下顯示剩餘時間的程式碼,首先,程式將 countdown 函式計算所得的剩餘時間陣列存入變數 counter 之中。

```
43 var counter = countdown(goal);
```

然後根據變數 counter 儲存的各項時間資料,用字串合併的方式組合出「○小時△分□秒」的文字,並且存入變數 time,這裡沒有使用陣列索引編號 0 號的日數數

```
44 var time = counter[1] + '小時' + counter[2] + '分' + counter[3] + '秒';
```

之後將組合完成的時間輸出成為<span id="timer"></span>的文字內容。

```
45 document.getElementById('timer').textContent = time;
```

設定 Date 物件的時間

雖然此次練習的重點是在了解 countdown 函式的運作機制，不過為了比較容易理解，這裡先説明一下如何設定 Date 物件的時間。

4-2 節也曾經説明過，1 個 Date 物件記憶著 1 個「基準時間點」，此練習中總共使用了 2 個 Date 物件，其中儲存在變數 goal、之後會用參數形式傳遞給 countdown 函式的終點時間，是以記憶著現在時間的狀態進行初始化。

```
37 var goal = new Date();
```

之後利用下面的方式，將當中記憶的時、分、秒分別設定成為"未來的時間"。

```
38 goal.setHours(23);
39 goal.setMinutes(59);
40 goal.setSeconds(59);
```

其中的 setHours、setMinutes、setSeconds 分別是可以設定時、分、秒的 Date 物件專屬方法，請留意一下，這裡並沒有另外設定此 Date 物件的年、月、日等時間。

因為存入變數 goal 的 Date 物件是以現在的時間進行初始化，之後再額外設定當中的時、分、秒等時間，所以程式執行到這邊的時候，它所記憶的基準時間點為「現在年 現在月 現在日 23 時 59 分 59 秒」，也就是設定成「此頁面開啟當天的最後時刻」。

countdown 函式的處理過程

接下來看到此次練習主題的 countdown 函式部分，此函式以參數形式接收了設定成終點時間的 Date 物件、並存入 due 中。

```
24 var countdown = function(due) {
```

下行另外初始化 1 個 Date 物件、存入變數 now, 因為此 Date 物件沒有特別指定時間, 所以記憶著「現在的時間點」。

```
25 var now = new Date();
```

再下 1 行非常重要, 程式會以參數 due 的毫秒數、減去變數 now 的毫秒數, 再將結果存入變數 rest 中。

```
27 var rest = due.getTime() - now.getTime();
```

Date 物件的 getTime 方法, 可以取得 1970 年 1 月 1 日 0 時 0 分開始、到該 Date 物件基準時間點經過的毫秒數。假設現在的時間為 2016 年 9 月 30 日 15 時 00 分, getTime 方法會得到 1475215200000 毫秒[*]的數字, 這裡將同日 23 時 59 分 59 秒的毫秒數減去此毫秒數、再存入變數 rest 中。

[*] 可在主控台輸入後方指令來確認結果。 new Date(2016, 8, 30, 15, 0, 0).getTime();

1475247599000 - 1475215200000 = 32399000 ●——— 存入變數 rest 的數值

再來需要根據變數 rest 的毫秒數換算成秒、分、時、日。首先從秒開始, 因為原本的數值為毫秒, 除以 1000 即可求得剩餘時間的全部秒數, 把全部秒數再除以 60 可以得到分鐘, 不過這裡需要的是不足 1 分鐘的秒數, 所以只要計算除以 60 的餘數即可得到「（日時分以外的）秒」的數值。

```
28 var sec = Math.floor(rest / 1000 % 60);
//如果 rest = 32399000 的話, 32399000÷100÷60=539 餘 59
```

下一步是計算分的步驟。毫秒的數值除以 1000 得到秒、再將秒數除以 60 可以得到剩餘時間的全部分鐘數, 此時需要使用 floor 方法捨去小數點以下不滿 1 分鐘的秒數, 然後此分鐘數除以 60 的餘數即為需要的分鐘數（除以 60 的商數為小時的數字, 不過這裡還用不到）, 餘數的分鐘數會被存入變數 min。

```
29 var min = Math.floor(rest / 1000 / 60) % 60;
//32399000÷1000÷60=539.983333....
//(小數點以下捨去)539÷60=8 餘 59
```

再下一步是計算小時。毫秒數除以 1000 得到秒、除以 60 得到分、再除以 60 得到全部小時數, 先以 floor 方法捨去小數點以下不滿 1 小時的分鐘數, 將全部小時數除以 24 的餘數即為剩餘小時數（除以 24 的商為日數, 不過這裡還用不到）, 餘數的小時數被存入變數 hours。

```
30 var hours = Math.floor(rest / 1000 / 60 / 60) % 24;
//32399000÷1000÷60÷60=8.999722...
//( 小數點以下捨去)8÷24=0 餘 8
```

最後是日數。因為要計算到當天 23 時 59 分 59 秒為止的剩餘時間, 日數的結果必定為 0, 不過這裡還是確認一下, 毫秒數除以 1000 得到秒、除以 60 得到分、除以 60 得到小時、再除以 24 則可得到日數, 同樣需要捨去小數點以下的數字, 將結果存入變數 Days。

```
31 var days = Math.floor(rest / 1000 / 60 / 60 / 24);
//32399000÷1000÷60÷60÷24=0.374988...
//( 小數點以下捨去 )0
```

如此一來, 日、時、分、秒的數字都到齊了, 這裡將這些數字存入陣列的變數 count, 回傳給呼叫此函式的原本位置。

```
32 var count = [days, hours, min, sec];
33
34 return count;
```

以上就是 countdown 函式的整個處理過程, 全部都是數字是否讓您覺得有點頭暈？不過完成了這個函式之後, 就能運用在所有需要這個功能的地方了。

為什麼計算秒數也要做捨去的處理？

原本除法運算的餘數一定是整數, 因此計算秒數的算式「rest / 1000 % 60」所得到的結果應該不可能出現帶有小數點的數值, 可是為什麼有時候會出現非整數的數字呢？

▼ 計算秒數若不使用 Math.floor 會出現帶小數的數字（畫面為程式改為 var sec = rest / 1000 % 60;的結果）

不只是 JavaScript, 大部分的程式語言都是把 10 進位的數值轉換成 2 進位後再行計算, 不過以 2 進位計算帶有小數點的數值時, 總會出現有誤差的狀況*。因此, 原本應該是整數的「餘數」, 偶爾會得到帶有小數的數值。

* 計算帶有小數的數字 （也稱為浮點數）時, 不論 10 進位或 2 進位都會有除不盡的狀況, 而 2 進位小數除不盡時, 其結果會產生誤差, 想知道詳情的讀者請搜尋「二進位 誤差」或「浮點數 誤差」等關鍵字。

事實上, 除了 JavaScript 之外, 還有很多程式語言都有這樣的問題存在, 因此, 在絕對不能出現誤差的金額計算等狀況下, 必須使用專門的程式語言和方法（在 JavaScript 中沒有設計這樣的方法）。

Step 2 每秒鐘再度計算時間

請對 Step1 撰寫完成的程式做些修改, 讓頁面上的數字隨著時間改變, 具體來說, 每隔 1 秒需要重複執行下列的動作：

1 再度計算剩餘時間

2 執行字串合併

3 輸出至 HTML

換句話說, 只要每秒鐘重複執行 Step1 所完成程式的最後 3 行, 即可達到需要的效果, 而為了這樣的目的, 此階段會把這 3 行程式碼寫成函式, 函式的名稱設為 recalc。如果前 1 行的 console.log 方法還留在程式碼中, 可以把它刪除掉。

```
23 <script>
   … 省略
42 var recalc = function() {
43   var counter = countdown(goal);
44   var time = counter[1] + '小時' + counter[2] + '分' +
       counter[3] + '秒';
45   document.getElementById('timer').textContent = time;
46 }
47 </script>
```

在 step 已經寫好的程式

然後需要每隔 1 秒鐘呼叫此 recalc 函式，請按照下面的範例輸入程式碼，別忘了 recalc 函式中也要增加 1 行指令。

```
23 <script>
   … 省略
42 var recalc = function() {
43   var counter = countdown(goal);
44   var time = counter[1] + '小時' + counter[2] + '分' + counter[3] + '秒';
45   document.getElementById('timer').textContent = time;
46   refresh();
47 }
48
49 var refresh = function() {
50   setTimeout(recalc, 1000);
51 }
52 recalc();
53 </script>
```

最後以瀏覽器確認，頁面中的剩餘時間已經會逐漸減少了。

▼ 到終點時間為止的剩餘時間會逐秒遞減

解說

 間隔固定時間重複執行函式

請看著下面的示意圖確認一下程式的處理流程吧！當瀏覽器讀取完 HTML 的部分之後，會開始執行初始化 Date 物件並存入變數 goal、以及設定當中記憶時間點的動作（Step1 完成的部分）。因為後面的程式碼幾乎都是函式，呼叫前不會自動執行，所以等於直接跳到呼叫 recalc 函式的地方。

▼ 程式處理的流程（前半段）

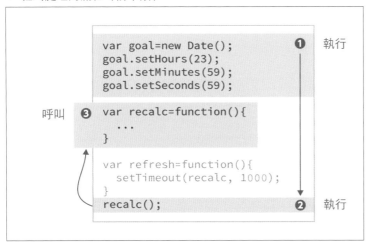

而 recalc 函式會呼叫 countdown 函式計算剩餘時間，以字串合併方式產生剩餘時間字串，輸出至 HTML，到此為止是前半段的處理過程（請參考上圖）。

接下來，整個處理流程進入後半段的部分（請參考下圖）。當 recalc 函式執行到最後的時候，會呼叫執行 refresh 函式，而 refresh 函式內只有 1 行 setTimeout 方法的指令，此方法的功能會在之後詳細說明，不過這裡先讓您知道這樣的寫法代表了「等待 1 秒鐘之後呼叫執行 refresh 函式」。

…1 秒鐘之後，處理流程移到 recalc 函式繼續執行，之後又呼叫 refresh 函式，然後經過 1 秒又再度執行 recalc 函式…不斷重複這樣的過程，持續更新頁面上的剩餘時間。

▼ 程式處理的流程（後半段）

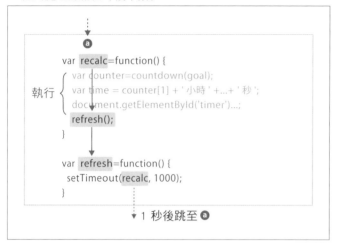

● setTimeout 方法

前面所使用到的 setTimeout 是在「等待時間」之後執行 1 次「函式」的方法，首先來看一下它的語法。

語法 在「等待時間」後再執行「函式」1 次

```
setTimeout(函式, 等待時間)
```

此方法需要 2 個參數，第 1 個是想要執行的函式名稱，第 2 個則是執行此函式前等待的時間，這裡需要以毫秒數指定等待時間。

請稍微注意一下第 1 個被指定為參數的「函式」部分，當中只需要填入函式名稱，名稱後方不能加上 () 括弧。

為什麼呼叫函式不需加上 () 括弧？

光靠「在 setTimeout 中指定的函式名稱後面不能加上 () 括弧」這樣的解說，有些讀者可能無法理解，因此這邊特別針對這件事情說明一下。不太在意的讀者可以直接跳過這個 Note 的說明。

請編輯此次的程式做個測試，在函式名稱的後面加上 ( ) 括弧。

↓ 5-01_countdown/step2/index.html `HTML`

```
49 var refresh = function() {
50   setTimeout(recalc(), 1000);
51 }
```

然後開啟瀏覽器的主控台觀察執行結果，主控台會出現代表「重複呼叫次數過多」的錯誤訊息，頁面上的剩餘時間也不會改變。

▼ 加上 ( ) 括弧會出現錯誤訊息）

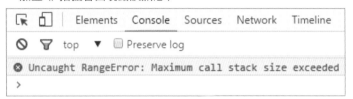

Chrome 的主控台

* 筆者以 Firefox 版本 44.0.2 實測的時候，會出現黃色的「too much recursion（過多遞迴）」警告）。

如果在函式名稱或方法名稱的後面加上 ( ) 括弧，其意思是讓該函式或方法「在當場立即執行」，並且等待回傳值。

因此，如果不小心在函式名稱後面加上了 ( ) 括弧，在 setTimeout 指令處理完畢前，程式會立即執行 recalc 函式，並且處於等待的狀態。

```
setTimeout(recalc(),
```

接下來，recalc 函式會呼叫 refresh 函式，而再次執行 refresh 函式的時候，當中的 setTimeout 在處理完畢前，又會執行 recalc 函式…。當這樣的狀況不斷重複之後，等於一瞬間執行了非常多次的 recalc 函式，立即達到瀏覽器所能處理的重複執行上限，因此在主控台中跳出錯誤訊息。

因為上述的原因，setTimeout 方法中參數所指定的函式名稱，其後方不能加上 ( ) 括弧。

應用實例：試著改變顯示的方式

做為實際應用的例子，這裡來寫個會讓人印象較為深刻的倒數器時器吧！試著在畫面上顯示日本東京奧林匹克開幕日（2020 年 7 月 24 日）的剩餘時間。

下面就動手寫寫看吧！與其從新的樣版檔案開始撰寫，不如拿 完成的檔案來修改會較為簡便，這裡將為您說明改寫的方式。

首先需要改寫 HTML 的部分，加入 4 個 id 屬性不同的 \<span\>\</span\> 標籤元素，之後再修改程式的部分，將日、時、分、秒輸出至這些 \<span\> 元素中。

 ↓ 5-01_countdown/step3/index.html `HTML`

```
18 <section>
     <p>從現在開始<span id="timer"></span>內訂購的話打 5 折喔！</p>
19     <h2>距離東京奧林匹克運動會</h2>
20     <p class="timer">還有<span id="day"></span>天<span id="hour"></span>小時
   <span id="min"></span>分<span id="sec"></span>秒</p>
21 </section>
```

 Note

如果有餘力可以再增加 CSS 的設定

因為跟程式的運作沒有關係，所以不一定需要調整 CSS 設定，不過為了增強顯示的效果，尚有餘力的話可以自行增加 CSS 的樣式，請參考範例檔案「5-01_countdown\step3\index.html」的設定，盡量加大倒數計時器的字型大小。

接下來是改寫程式的部分，將終點時間更改為 2020 年 7 月 24 日凌晨 0 時 0 分，請注意這裡設定日期時間的方式和 Step2 不同，相關內容會在後面再做詳述。

↓ 5-01_countdown/step3/index.html `HTML`

```
38 var goal = new Date(2020, 6, 24);
     goal.setHours(23);
     goal.setMinutes(59);
     goal.setSeconds(59);
```

然後改寫輸出至 HTML 的 recalc 函式內容，取消原本 step 2 合併時間字串的方式，將各個數字直接輸出至 HTML 區塊中的 4 個\<span\>～\</span\>元素中。

```
40  var recalc = function() {
41    var counter = countdown(goal);
      var time = counter[1] + '小時' + counter[2] + '分' + counter[3] + '秒';
      document.getElementById('timer').textContent = time;
42    document.getElementById('day').textContent = counter[0];
43    document.getElementById('hour').textContent = counter[1];
44    document.getElementById('min').textContent = counter[2];
45    document.getElementById('sec').textContent = counter[3];
46    refresh();
47  }
```

完成後請以瀏覽器確認一下，下面的畫面是加了 CSS 設定的呈現效果。

▼ 到東京奧林匹克開幕日（2020 年 7 月 24 日）為止的倒數計時器

 解　說

 設定 Date 物件日期時間的別種方式

此次的 Date 物件在進行初始化的時候，使用了和以往完全不同的方式來設定終點時間。

```
38 var goal = new Date(2020, 6, 24);
```

如果「new Date()」的 ( ) 括弧中填入了參數，會以參數所指定的日期時間來完成初始化的動作，其語法如下所示。其中的「年」和「月」等 2 項是必須填入的參數，而後面幾項參數可以不填，如果省略後面的參數，程式會以「1 日」、「0 時」、「0 分」、「0 秒」的時間點完成初始化。這裡請特別注意一下，「月」必須使用「實際月份-1」的數字。

語法　初始化 Date 物件的同時設定日期時間

new Date(年, 月, 日, 時, 分, 秒, 毫秒)

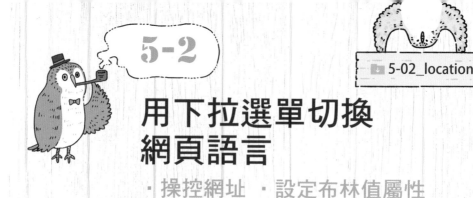

用下拉選單切換網頁語言

・操控網址　・設定布林值屬性

本節的範例程式比較短, 不過當中卻包含了幾項重點主題, 其一是可以讓瀏覽器移至其他頁面的網址改寫方式, 另外還會介紹一些操控 HTML 的手段, 例如在表單相關的標籤中設定經常使用的布林值屬性, 或是設法取得沒有 id 屬性的 HTML 元素。

▼ 本節的目標

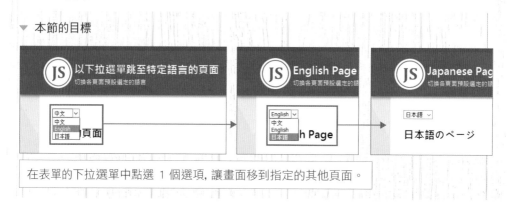

在表單的下拉選單中點選 1 個選項, 讓畫面移到指定的其他頁面。

 Step 1　選定語言時移至對應的頁面

　　請由複製「_template」資料夾的動作開始, 並且將新複製的資料夾命名為「5-02_location」。這裡需要準備 3 個 HTML 檔案, 讓使用者可以使用下拉選單選擇想要前往的頁面, 使瀏覽器在這 3 個網頁間來回移動。由於各 HTML 檔案都需要寫入相同的程式, 此次採用另外準備外部 JavaScript 檔案的做法, 3 個 HTML 檔案加上 1 個 JS 檔案, 合計需要準備 4 個檔案, HTML 檔案可以複製原本的 index.html。

▼ 檔案結構

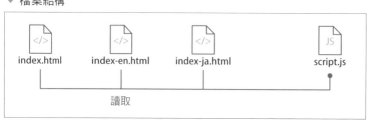

建立好需要的檔案之後，先來撰寫 HTML 的部分：新增下拉選單、還有讀入外部 JS 檔案所需的 <script> 標籤，3 個 HTML 檔案的內容大致相同，下拉選單的 <form> 標籤需要加上 id 屬性「form」，<select> 標籤需要加上 name 屬性「select」，還有各 <option> 標籤的 value 屬性值分別填入目的網頁的 HTML 檔名。

📥 5-02_location/step1/index.html、index-en.html、index-zh.html **HTML**

```
10  <body>
     … 省略
18  <section>
19    <form id="form">
20      <select name="select">
21        <option value="index.html">中文</option>
22        <option value="index-en.html">English</option>
23        <option value="index-ja.html">日本語</option>
24      </select>
25    </form>
26    <h2>中文的頁面</h2>  ●───── ※
27  </section>
28  </div><!-- /.main-wrapper -->
29  <footer>JavaScript Samples</footer>
30  <script src="script.js"></script>
31  </body>
```

※ 26 行雖然與程式沒有直接關係，不過在 index-en.html 中寫入「English Page」、index-jp.html 中
　寫入「日本語（日文的頁面）」，確認程式功能的時候比較容易分辨。

🐛 下拉選單的 HTML 標籤

　下拉選單是表單的元件之一，HTML 標籤寫成 <select>，它的子元素是可以成為選單項目的<option> 標籤，添加 name 屬性的時候需要加在 <select> 標籤中，而不是子元素的 <option>標籤。另外，各 <option> 標籤需要加上相當於儲存資料的 value 屬性，使用下拉選單的時候，<select> 的 name 屬性值和選定的 <option> 的 value 屬性值會被配成對，以類似「name 屬性值=value 屬性值」的形式送往伺服器。

　各屬性的功用等說明請參閱　4-1 Step2「讀取輸入內容後再輸出」。

再來請以文字編輯器開啟 script.js 檔案, 開始撰寫 JavaScript 程式的部分。

📥 5-02_location/step1/script.js `JavaScript`

```javascript
01  document.getElementById('form').select.onchange = function() {
02    location.href = document.getElementById('form').select.value;
03  }
```

4 個檔案都編輯完畢後, 請以瀏覽器開啟 index.html 確認功能, 如果點選下拉選單的其他語言項目, 畫面會立即移至對應的頁面。不過這時候您可能會發現, 移到英文或日文頁面之後, 將無法回到原本的中文頁面, 此問題將在 ⟨step 2⟩ 中解決。

▼ 點選下拉選單移至它國語言頁面

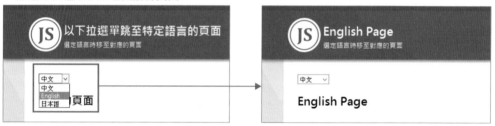

index-en.html

解 說

🪶 設定事件、取得資料、改寫網址

script.js 雖然只有 3 行程式, 卻包含了許多動作, 最前面第 1 行是設定函式對應的事件。

```javascript
01  document.getElementById('form').select.onchange = function() {
```

onchange 事件發生在使用者輸入到表單的內容產生改變時, 如果是文字輸入欄的話, 此事件發生在輸入內容改變的時候, 而下拉選單則是發生在切換選擇項目的時候。

另外, 此次下拉選單 onchange 事件的主角是 <select>, 所以使用 name 屬性值「select」, 藉以取得 <select name="select">。

```javascript
document.getElementById('form').select
```

<select> 發生 onchange 事件之後，程式需要繼續執行 function 內的處理動作。這裡先看到程式第 2 行、=等號右邊的部分，此指令的作用在於取得下拉選單被選定的項目內容，也就是<select> 元素下的 value 屬性值。

```
document.getElementById('form').select.value;
```

「咦？可是之前撰寫 HTML 的時候，value 屬性是加在 <option> 標籤，而不是 <select> 標籤啊…」

HTML 的格式的確是如此，不過，運用下拉選單時，為了要取得被選定的 <option> 的 value 屬性值，必須寫成讀取其父元素 <select> 的 value 屬性。如果使用者選擇了 [English] 項目，那麼程式將會取得該 <option> 的 value 屬性值 index-en.html，若是選擇了 [日本語] 項目則會取得 index-ja.html 的屬性值資料。

接下來，程式把取得的屬性值資料指派給 location.href。

```
location.href = document.getElementById('form').select.value;
```

location 物件的 href 屬性代表了目前瀏覽器顯示頁面的網址。

如果改變了網址，瀏覽器會立即顯示新網址的頁面，因此，程式改變 href 屬性值之後，畫面會立即移至選定語言的頁面。

語法 改寫網址（指定新的網址）

```
location.href = 新的網址
```

location 物件和 window 物件等物件相同，都是瀏覽器基本的構成物件之一，具有查詢目前網址、管理瀏覽歷程等功能。

2 切換各頁面預設選定的語言

現在雖然已經可以移到英文頁面（index-en.html）或日文頁面（index-ja.html），不過跳到其他語言之後，如果看到下拉選單中選定的語言項目還是維持在中文的選項，看起來不太搭。

5

▼ JavaScript 的應用技巧

▼ 明明是英文頁面卻顯示「中文」？日文頁面也顯示「中文」？

看起來有點奇怪…

希望改成這樣！

　　當然也可以透過編輯 HTML 的方式來修正這個問題, 不過這樣就需要在各 HTML 檔案中寫入略有差異的 <select> 元素, 作業上相當麻煩, 因此, 下面將增加 JavaScript 程式的功能, 自動在各頁面對應的語言 <option> 標籤中加上 selected 屬性。

 selected 屬性

　　除了下拉選單之外, 還有單選按鈕和核取方塊等可供使用者點選的表單元件, 如果在其中加入了 selected 之類的屬性, 當頁面讀取完畢的時候, 該選項會變成預設選定的項目。

▼ 在 <option> 標籤增加 selected 屬性的實例

```
<option value="index.html" selected>中文</option>
```

　　首先, 需要讓程式可以判別目前瀏覽器顯示的是哪個頁面檔案, 所以在 3 個 HTML 檔案的<html> 標籤中加上 lang 屬性。

⤓ 5-02_location/step2/index.html **HTML**

```
02  <html lang="zh">
```

 ⤓ 5-02_location/step2/index-en.html **HTML**

```
02  <html lang="en">
```

 ⤓ 5-02_location/step2/index-zh.html **HTML**

```
02  <html lang="ja">
```

<html>標籤的 lang 屬性

　　如果想要指定該網頁所使用的主要語言，可以利用<html>標籤中的 lang 屬性來設定，屬性值的部分需要填入被稱為「語言代碼（Language Code）」的語言代號，比較常見的語言代碼如下表所示。

▼ 主要的語言代碼

語言	語言代碼
zh	中文
en	英文
ja	日文
es	西班牙文
ko	韓文

附帶一提，繁體中文是 zh-Hant，
簡體中文是 zh-Hans）

　　接下來開始編輯 script.js 檔案，增加新的程式碼，讓瀏覽器在網頁檔案讀取完畢之後，改變下拉選單中選定的語言項目。具體來說，需要完成下列的處理動作：

1 取得 <html> 標籤的 lang 屬性

2 在相同語言的 <option> 標籤中增加 selected 屬性

不過，網頁中的 `<html>` 標籤或 `<option>` 標籤都沒有附上 id 屬性欸，如此一來，就無法使用 getElementById 方法取得這些標籤，當然也沒辦法讀取屬性值或是增加屬性。因此，這裡將動用新的方法來取得 HTML 元素。

▼ 因為 `<html>` 和 `<option>` 標籤都沒有 id 屬性，不能使用 getElementById 方法

```
<html lang="zh">●───────────────── 沒有 id 屬性

<option value="index.html"> 中文 </option>
<option value="index-en.html">English</option>
<option value="index-ja.html"> 日本語 </option>
```

另外，selected 屬性是沒有屬性值的「布林值屬性」，那麼要如何才能在標籤中增加布林值屬性呢？請一邊留意上述的 2 項重點，一邊開始動手撰寫程式。

List   ↓ 5-02_location/step2/script.js **JavaScript**

```javascript
01 var lang = document.querySelector('html').lang;
02
03 var opt;
04 if(lang === 'ja') {
05   opt = document.querySelector('option[value="index.html"]');
06 } else if(lang === 'en') {
07   opt = document.querySelector('option[value="index-en.html"]');
08 } else if(lang === 'zh') {
09   opt = document.querySelector('option[value="index-zh.html"]');
10 }
11 opt.selected = true;
12
13 document.getElementById('form').select.onchange = function() {
14   location.href = document.getElementById('form').select.value;
15 }
```

完成之後再以瀏覽器確認程式功能，在各語言頁面中，應該可以看到下拉選單預設選定的項目改變了。英文頁面（index-en.html）會自動變成 [English] 項目，而日文頁面（index-ja.html）則為 [日本語] 項目。

▼ 配合目前顯示的頁面，改變下拉選單預設的語言項目

index-en.html

▼ JavaScript 的應用技巧

🐛 布林值屬性指的是什麼？

在所有 HTML 標籤的屬性中，像是 selected 和 checked 等，「寫入該屬性時產生效用，沒有則代表無效」的屬性稱為「布林值屬性（Bool Attribute 或 Boolean Attribute）」，此類屬性的使用方式上只有「有效」跟「無效」等 2 種類型。

以核取方塊的例子來說，如果標籤中含有 checked 屬性，那麼當網頁呈現在瀏覽器當中時，該選項會成為預設勾選的狀態。。

▼ 核取方塊標籤加上 checked 屬性以及未加時的顯示狀況

🎩 解 說

🪶 document.querySelector 方法

為了讓您可以掌握程式的整體流程，先來介紹當中使用到的新功能。

在此次的練習過程中，第 1 次用上了 document 物件的 querySelector 方法，此方法能針對 () 括弧內填寫的「選擇器（Selector）」，取得符合該選擇器的 HTML 元素，而這邊所說的選擇器即是 CSS 的選擇器。換句話說，想在 JavaScript 中取得 HTML 元素的時候，可以借用 CSS 的選擇器，這樣的方式相當簡單方便。

使用 CSS 選擇器取得網頁元素

```
document.querySelector('CSS 選擇器')
```

來看一下具體的實例吧, 此次練習程式的第 1 行右邊如下所示:

```
document.querySelector('html')
```

此 querySelector 方法 () 括弧內的參數為 'html', 用來取得 HTML 的<html>～</html>元素, 這個選擇器在 CSS 被稱為類型選擇器（Type Selector）, 能取得具有相同名稱的 HTML 元素。

另外, querySelector 方法也可以用於 if 判斷句之中, 例如程式第 1 個 if 判斷句內可以看到下面的語法指令。

```
document.querySelector('option[value="index.html"]')
```

此寫法會針對所有的<option>標籤, 尋找 value 屬性值為"index.html"的項目, 也就是會取得 HTML 中的<option value="index.html">中文</option>元素。

這個 option[value="index.html"]選擇器, 在 CSS 中被稱為屬性選擇器（Attribute Selector）, 寫成[○○="△△"]格式的時候, 代表要取得「○○屬性值為△△」的元素。為了幫助您記憶, 下面列出 CSS 內實際的選擇器寫法。

▼ 屬性選擇器的實例, CSS 可以使用此寫法取得<option value="index.html">

```
option[value="index.html"] {
    …省略
}
```

querySelector 方法可以使用 CSS3 所有的選擇器, 如果您現在心裡想著「這個我不太清楚欸」, 請試著在網路上搜尋「CSS3 選擇器」或「CSS3 Selector」之類的關鍵字, 熟悉一些選擇器的基本知識吧。

● 如果有多個符合的元素會如何？

　　既然是使用 CSS 的選擇器，那麼一定有機會碰到多個元素都符合條件的狀況，舉例來說，如果在程式中寫了下面的語句：

```
document.querySelector('option')
```

　　此時，雖然 HTML 檔案內所有的 <option> 元素都符合這樣的條件，不過 querySelector 方法只會取得「第 1 個符合的元素」。

▼ querySelector 只會取得第 1 個符合的元素

```
document.querySelector('option')
<option value="index.html"> 中文 </option>
<option value="index-en.html">English</option>
<option value="index-ja.html"> 日本語 </option>
```

　　反過來說，想要 1 次取得多個 HTML 元素的時候，JavaScript 還提供了其它的方法，此方法將在 5-4 節當中介紹。

 取得沒有 id 屬性的元素以及設定布林值屬性

　　接下來跟著程式的整個流程走 1 次吧！

　　當瀏覽器讀取完網頁檔案之後，除了在 step 所撰寫的下拉選單 onchange 事件的處理程式之外，會先執行其餘的部分。首先宣告變數 lang，並且將 <html> 元素的 lang 屬性值存入變數 lang 中。

```
01 var lang = document.querySelector('html').lang;
```

　　然後宣告變數 opt，讓後面的 if 條件句判斷應該將什麼資料存入其中。

```
03  var opt;
04  if(lang === 'zh') {
05      opt = document.querySelector('option[value="index.html"]');
06  } else if(lang === 'en') {
07      opt = document.querySelector('option[value="index-en.html"]');
08  } else if(lang === 'ja') {
09      opt = document.querySelector('option[value="index-ja.html"]');
10  }
```

來看一下程式會將哪項資料存入變數 opt。

以實際的例子來説,如果開啟的是 index.html（中文頁面）,那麼變數 lang 會儲存著字串'zh',如此一來,第 1 個 if 條件句()的結果為 true,程式會把「<option value="index.html">中文</option>」元素指派給變數 opt。

同理可知,開啟 index-en.html（英文頁面）的時候,變數 opt 會存入「<option value="index-en.html">English</option>」,而開啟 index-ja.html（日文頁面）會存入「<option value="index-ja.html">日本語</option>」。

然後 if 條件句之後的指令,會替變數 opt 當中儲存的元素加上 selected 屬性。

```
11  opt.selected = true;
```

想讓 HTML 標籤增加布林值屬性（selected、checked 等）的時候,需要將 ture 指派給該屬性；反過來説,想要刪除布林值屬性時,請改為指派 false 屬性值。

下拉選單發生 onchange 事件的時間點

只有當使用者選定了與先前不同的 <option> 項目時,下拉選單才會發生 onchange 事件,如果使用者有點開選單的動作,卻沒有選擇其它的語言項目,下拉選單的 onchange 事件是不會被觸發的。

舉例來説,假設下拉選單目前選定的項目為中文（<option value="index.html">中文</option>）,然後點開下拉選單再點選 1 次「中文」項目,那麼這樣的操作方式不會發生 onchange 事件。而 移到其他語言頁面後,之所以會回不到中文頁面,正是因為下拉選單預設選定第 1 個「中文」項目,再次點選中文「不會發生 onchange 事件」。

▼ 如果沒有改變選擇項目，即使有點選動作也不會發生 onchange 事件

 switch 條件句

對於此次練習程式的 if...else 條件句，如果只取出條件式的部分排成下面的樣子：

▼ 如果只取出條件式…

```
lang === 'zh'
lang === 'en'
lang === 'ja'
```

不論哪個條件式，都是在評斷變數 lang 儲存的值，而像這樣===左邊（這裡是變數 lang）完全相同、想要評斷其數值的時候，可以改用 switch 條件句取代 if 條件句。

語法 switch 條件句

```
switch(判斷的對象){
    case 值為○○:
        值為○○時執行的程式
        break;
    case 值為△△:
        值為△△時執行的程式
        break;
    default:
        判斷對象的數值與上面 case 都不同時執行的
        程式
}
```

當中可以包含多個 case 區段, 而所有條件都不符合的時候不需要執行任何動作, 則可以省略 default 區段。

把此次練習程式中的 if 條件句部分換成 switch 條件句的話, 會變成下面的樣子:

⬇ 5-02_location/extra/script.js　`JavaScript`

```javascript
… 省略
switch(lang) {
  case 'ja':
    opt = document.querySelector('option[value="index.html"]');
    break;
  case 'en':
    opt = document.querySelector('option[value="index-en.html"]');
    break;
  case 'zh':
    opt = document.querySelector('option[value="index-zh.html"]');
    break;
}
… 省略
```

因為 switch 條件句的功能也可以用 if 條件句來撰寫, 所以不是一定要學會的語法。但是有些人會覺得 switch 條件句的格式看起來比較清楚, 有助於程式碼的閱讀, 所以請至少要知道也有這樣的寫法。

只限作答 1 次的問卷調查

Cookie 的運用

此小節的練習程式將運用 Cookie 的功能, 判斷使用者是否曾經送出表單資料。
當使用者從問卷調查的表單中選取了 1 個選項、並且按下送出按鈕後, 畫面會
移至寫著「非常感謝您的作答。」的頁面。不過, 此問卷調查設定成只能回答 1
次, 當第 2 次按下送出按鈕的時候, 畫面上只會出現警告對話框的提示訊息, 而
不會移到下個頁面。

▼ 本節的目標

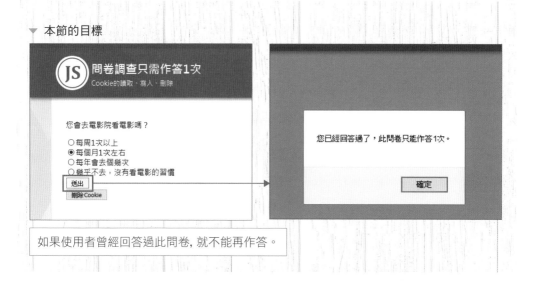

如果使用者曾經回答過此問卷, 就不能再作答。

Cookie 的讀取、寫入、刪除

Cookie 是可以在瀏覽器中儲存少量資料的機制 (在後面的解說處會再進一步解
釋)。這裡的範例將問卷調查的表單寫在 index.html 檔案之中, 當此表單的**送出**按
鈕被按下之後, 程式會先確認 Cookie 的資料, 如果使用者沒有回答過這個問卷調
查, 瀏覽器的畫面會移動至下個頁面 (thankyou.html);若曾經回答過, 那麼只會跳
出警告對話框的提示訊息, 並且停留在原本的頁面。

由於 Cookie 被制定的時間很早、規格比較原始，直接操控的方式相當麻煩，因此，此次借用了開放原始碼（Open Source）的函式庫（Library），簡化撰寫程式的過程，讓您先對 cookie 有些基本的認知。

請從複製「_template」資料夾的步驟開始，並且將新複製的資料夾命名為「5-03_cookie」，再開始編輯 index.html 檔案。

 ⤓ 5-03_cookie/step1/index.html HTML

```html
18  <section>
19    <p>您會去電影院看電影嗎？</p>
20    <form id="form" action="thankyou.html">
21      <input type="radio" name="frequency">每周 1 次以上<br>
22      <input type="radio" name="frequency">每個月 1 次左右<br>
23      <input type="radio" name="frequency">每年會去個幾次<br>
24      <input type="radio" name="frequency">幾乎不去, 沒有看電影的習慣<br>
25      <input type="submit" name="送出" id="submit"><br>
26    </form>
27  </section>
```

接下來, 需要製作回答後的致謝頁面 thankyou.html, 由於此 HTML 檔案只是用來顯示「非常感謝您的作答。」的訊息, 所以不必在其中寫入任何 JavaScript 相關的功能, 可以直接複製 index.html 檔案, 然後將檔案名稱命名為 thankyou.html, 並且改寫 <section>～</section> 標籤之間的內容。

⤓ 5-03_cookie/step1/thankyou.html HTML

```html
18  <section>
19    <p>非常感謝您的作答。 </p>
20  </section>
```

完成了 HTML 部分的準備工作之後, 請再次用文字編輯器開啟 index.html 檔案, 開始撰寫 JavaScript 程式。因為要對 cookie 做讀取或寫入的動作, 這裡使用了被稱為 js-cookie 的開放原始碼函式庫, 而為了要能引用此函式庫的功能, 需要先在 HTML 標籤中指定讀入範例檔案的「_common/scripts/js.cookie.js」外部 JavaScript 檔案, 之後再將程式碼寫在 <script>～</script>標籤的範圍中。

```html
10  <body>
    … 省略
29  <footer>JavaScript Samples</footer>
30  <script src="../../_common/scripts/js.cookie.js"></script>
31  <script>
32  document.getElementById('form').onsubmit = function(){
33    if(Cookies.get('answered') === 'yes') {
34      window.alert('您已經回答過了, 此問卷只能作答 1 次。');
35      return false;
36    } else {
37      Cookies.set('answered', 'yes', {expires: 7});
38    }
39  };
40  </script>
41  </body>
```

HTML

5

▼ JavaScript 的應用技巧

以瀏覽器開啟 index.html 檔案, 實際操作看看功能是否正常。點選問卷選項後再按 **送出** 按鈕, 如果是第 1 次回答, 畫面應該會移到 thankyou.html, 而第 2 次之後, 畫面上只會跳出警告對話框。

▼ 是不是首次作答將會改變程式的回應動作

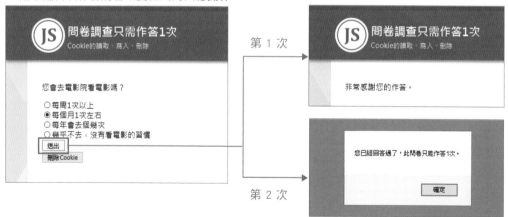

函式庫及開放原始碼

以 JavaScript 撰寫程式的時候, 經常會遇到一些固定形式的處理動作, 如果 JavaScript 沒有針對這樣的處理動作提供簡便的寫法, 或是某些固定的動作相當複雜, 每次都要重新撰寫處理程式會相當麻煩。

所謂的函式庫，其功用在於協助完成固定且複雜的處理動作，可以說是能減輕程式開發人員撰寫負擔的輔助程式。例如此次的 cookie 操控動作，由於實際的處理方式相當複雜，必須寫上很多行程式才能完成想要的效果，不過，只要利用前面所提到的 js-cookie 函式庫，引用其中的 1 個方法就能簡單達成。

　　另外，此 js-cookie 函式庫是以「開放原始碼」的方式提供給大眾使用，而開放原始碼的程式會公布程式的原始碼，讓其他人使用的時候比較自由，也可以對這些軟體或程式做些修改的動作。

　　不過，這樣的開放原始碼軟體（Open Source Software, OSS）會附加一些「授權條款」，在授權條款中可能會有「不能移除原作者的名字」或者是「禁止用於商業用途」等限制事項。為了向原作者表達敬意，或順應原作者的想法、以正當的方式運用程式軟體，使用之前請務必先確認附加的授權條款。

　　接下來，雖然此問卷調查的程式已經可以正常運作，不過測試的時候只回答 1 次就不能回答第 2 次，這裡要測試程式反而不方便。因此，下面將增加可以刪除 cookie 的按鈕和功能。

請在 </section> 結束標籤前增加 1 行 HTML 敘述：

⤓ 5-03_cookie/step1/index.html `HTML`

```html
18  <section>
19    <p>您會去電影院看電影嗎？</p>
20    <form id="form" action="thankyou.html">
    … 省略
26    </form>
27    <button id="remove">刪除 Cookie</button>
28  </section>
```

而 JavaScript 的部分也需要增加 3 行程式碼：

```
32  <script>
　… 省略
40  document.getElementById('remove').onclick = function() {
41    Cookies.remove('answered');
42  };
43  </script>
```

如此一來, 只要按下**刪除 Cookie** 的按鈕清除 Cookie 中的資料, 就能再次測試問卷調查的送出功能是否正常。

▼ 加上刪除 Cookie 的功能鈕

 <button> 標籤

使用 <input type="submit"> 標籤所建立的按鈕, 只能送出表單中使用者輸入的內容, 相對於此, 以 <button> 標籤所建立的按鈕功能較為自由, 可以自行撰寫按下按鈕之後的 JavaScript 程式動作。

 解 說

 認識 Cookie

為了幫助您了解整個程式的處理流程, 首先來說明一下 Cookie 是什麼樣的功能。

Cookie 是儲存在瀏覽器中的少量資料（儲存在使用者的電腦中），它所儲存的資料會在網頁瀏覽器和伺服器之間傳送，通常可以在電子商務或社群網路之類的網站看到此項技術，用於帳號登入資訊的管理工作等方面。

Cookie 基本上雖然是瀏覽器與網站伺服器之間傳遞資料的工具，不過 JavaScript 也可以對它做讀取和寫入的動作，當遇到類似下列的狀況時，可以透過 JavaScript 存取 Cookie 當中儲存的資料。

● **在簡易問卷調查中，記錄是否曾經作答**

● **這是第幾次拜訪此網站**

● **可以改變文字大小、背景顏色或介面語言等設定的網站，用來儲存設定資訊**

而 Cookie 寫入資料的時候，是採用「變數名稱=值」的形式，這等同 JavaScript 程式中的「變數」功能，此次的練習程式就是以下面的形式儲存資料。

```
answered='yes'
```

另外，儲存在 Cookie 當中的變數名稱也有人稱之為「Cookie 名稱」。

 程式的流程

接下來仔細地看一下此次練習程式的流程吧！當使用者按下表單的送出按鈕之後，程式開始執行主要的處理程序 4-1「取得表單輸入的內容」。

```
33 document.getElementById('form').onsubmit = function(){
        按下送出按鈕後的執行程式
40 };
```

之後的 if 條件句若發現 Cookie 的變數「answered」當中儲存著 'yes'，會執行後面緊接的 {…}大括弧中的處理程式，如果 Cookie 沒有變數 answered，或當中儲存著 'yes' 以外的資料，程式流程則會跳到 else 後面的部分。

```
34 if(Cookies.get('answered') === 'yes') {
```

此 if 條件句中所使用的 Cookies.get 方法, 是先前讀入的 js-cookie 函式庫所提供的功能, 用來讀取 () 括弧內所指定 Cookie 變數名稱的值。

「話說回來, 當 answered 儲存著 'yes' 是代表什麼樣的狀態呢？」

請看到處理程式的內容, 首先條件式結果為 true 的處理程式如下所示:

```
35 window.alert('您已經回答過了, 此問卷只能作答 1 次。');
36 return false;
```

第 35 行的指令會在畫面上顯示警告對話框, 而第 36 行的指令取消掉表單的基本動作, 讓瀏覽器不會移到 thankyou.html　`4-1 Step2「讀取輸入內容後再輸出」`, 這樣的程式碼用意相當明顯, 正是使用者已經回答過此問卷調查時的處理方式。換句話說, 當 cookie 內有名為 answered 的變數、而且其內容值為 'yes' 的時候, 代表著「已經回答過此問卷調查」的事實狀況。

再來請看到 else 後面的處理程式, else 後面是完全沒有回答過問卷時的處理程式, 在 Cookie 中建立變數 answered、並且存入'yes'的值。

```
38 Cookies.set('answered', 'yes', {expires: 7});
```

Cookies.set 也是 js-cookie 函式庫所提供的方法, 用於在 Cookie 中寫入資料, () 括弧中各參數的用途如下所示:

語 法　在 Cookie 中設定變數（js-cookie 函式庫的方法）

```
Cookies.set('Cookie 名稱', '值', {expires: 有效期限});
```

Cookie 所儲存的資料是有存在期限的, 這裡的練習範例程式將有效期限設為 7。也就是説, 此 Cookie 中的變數 answered 從建立的時間點開始計算, 只有 7 天的有效期限, 如果超過這個時間, 此 Cookie 資料將會消失。

附帶一提, 若沒有指定有效期限, Cookie 所儲存的此項資料會在瀏覽器關閉的同時消失。另外, 無法指定 Cookie 資料為「永久有效」, 所以想讓 Cookie 的資料長時間都可以取用的時候, 請將有效期限指定為 10 年或 20 年等久遠的時間。

最後請看一下**刪除 Cookie** 按鈕的處理程式部分。

```
41 document.getElementById('remove').onclick = function() {
42   Cookies.remove('answered');
43 };
```

如果使用者按下**刪除 Cookie** 按鈕, 程式會執行 Cookies.remove 方法, 這同樣是 js-cookie 提供的方法, 功用在於刪除 () 括弧內所指定的 Cookie 變數。

● js-cookie 函式庫的相關說明

js-cookie 函式庫如同先前的介紹, 屬於開放原始碼的 JavaScript 函式庫, 本書範例檔案中所收錄的是 2.02 版本, 如果您想使用最新的版本, 或想進一步了解此函式庫的詳細資料, 請參考下列網址所提供的檔案和資訊。

URL https://github.com/js-cookie/js-cookie

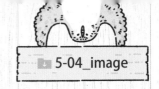

5-4

點選縮圖切換圖片
圖片切換功能

「點選縮圖之後會切換顯示的圖片」像這樣的效果在很多的網站上都可以看到，不過說到圖片處理的相關功能，可能很多人會感到有些困難。其實基本的原理只是改寫 `<img>` 標籤的 src 屬性而已；而為了可以寫出更加貼近實務的程式，在本節的練習中，將會使用到 HTML5 新增加的 HTML 屬性，實作出圖片切換的功能。

5 ▼ JavaScript 的應用技巧

▼ 本節的目標

點選橫向並排的的不同縮圖，即可切換到大張圖片。

Step 1 使用新的 HTML 屬性

請由複製「_template」資料夾的步驟開始，將新複製出來的資料夾命名為「5-04_image」，所需的圖片檔案可以從完成的範例檔案資料夾中複製過來。

難得在網頁中使用到圖片，請試著撰寫 CSS 的設定，並且安排一下網頁的版面配置。在 HTML 的部分中，被 `<div>`～`</div>` 所圍住的的 `<img>` 標籤是大型的圖片，`<li>`～`</li>` 所圍住的則是縮圖。大型圖片的 `<img>` 標籤請加上 id 屬性「bigimg」，而所有的縮圖 `<img>` 標籤都需要加上 class 屬性「thumb」。

另外, 各縮圖 <img> 標籤還需要增加 data-image 屬性, 從最上面開始依序賦予
img1.jpg、img2.jpg 和 img3.jpg 的屬性值, 此屬性會在此次的練習中扮演相當重要
的角色。

↓ 5-04_image/step1/index.html HTML

```
18  <section>
19    <div class="center">
20      <div>
21        <img src="img1.jpg" id="bigimg">
22      </div>
23      <ul>
24        <li><img src="thumb-img1.jpg" class="thumb" data-image="img1.
    jpg"></li>
25        <li><img src="thumb-img2.jpg" class="thumb" data-image="img2.
    jpg"></li>
26        <li><img src="thumb-img3.jpg" class="thumb" data-image="img3.
    jpg"></li>
27      </ul>
28    </div>
29  </section>
```

以下是 CSS 的部分。

↓ 5-04_image/step1/index.html HTML

```
09  <style>
10  section img {
11    max-width: 100%;
12  }
13  .center {
14    margin: 0 auto 0 auto;
15    width: 50%;
16  }
17  ul {
18    overflow: hidden;
19    margin: 0;
20    padding: 0;
21    list-style-type: none;
22  }
23  li {
24    float: left;
25    margin-right: 1%;
26    width: 24%;
27  }
28  </style>
```

接下來需要撰寫處理程式的部分，不過因為是第 1 次使用 data-image 屬性，為了讓您了解它的特性，此 Step 先試著取得此屬性值，並且將屬性值輸出至主控台。

↓ 5-04_image/step1/index.html `HTML`

```
30  <body>
    … 省略
51  <footer>JavaScript Samples</footer>
52  <script>
53  var thumbs = document.querySelectorAll('.thumb');
54  for(var i = 0; i < thumbs.length; i++) {
55    thumbs[i].onclick = function() {
56      console.log(this.dataset.image);
57    };
58  }
59  </script>
60  </body>
```

打開瀏覽器的主控台確認 index.html 的運作狀況，點選任一縮圖之後，主控台中應該會顯示對應的 data-image 屬性值。

▼ 縮圖被點選時，將 data-image 屬性輸出至主控台

解說

 ## 以 querySelectorAll 方法取用多個元素

此段程式有 2 項重點, 第 1 項是同時取得多個 HTML 元素、並且替所有取得的元素設定事件, 另外則是如何運用 HTML5 新增加的標籤屬性。首先從取得多個元素並設定事件的相關做法開始說明, 此段程式的基本結構為:

取得元素 → 設定事件 → 撰寫事件發生時的處理程式

這樣的模式到目前為止已經出現過好多次, 處理的流程本身相當單純, 不過這裡是首次利用 HTML 的 class 屬性來取得多個元素, 然後再對所有取得的元素設定相同的事件, 請從程式的第 1 行按照順序往下看。

```
53  var thumbs = document.querySelectorAll('.thumb');
```

這裡先說明=等號右邊的部分, 在 5-2 節曾經使用過 document 物件的 querySelector 方法 5-2 解說「document.querySelector 方法」。相對於當時的 querySelector 方法只能取得 1 個元素, 此次所使用的 querySelectorAll 方法, 則可以針對 () 括弧內指定的 CSS 選擇器, 取得所有符合條件的 HTML 元素。

語法 取得所有符合的元素

```
document.querySelectorAll('CSS 選擇器')
```

因為在選擇器的地方指定了「.thumb」, 所以程式會取得所有的<img class="thumb"...>元素, 然後將取得的元素存入變數 thumbs 之中。不過這些元素是以什麼樣的形式儲存在變數 thumbs 中呢? 請試著在此行程式碼的下方寫入 1 行 console.log(thumbs);, 確認一下元素儲存的形式（為了讓您比較容易理解, 這裡採用 Safari 主控台畫面的圖片）。

▼ 增加「console.log(thumbs);」確認變數 thumbs 的內容（確認後可刪除）

```
var thumbs=document.querySelectorAll('.thumb');
console.log(thumbs);
```

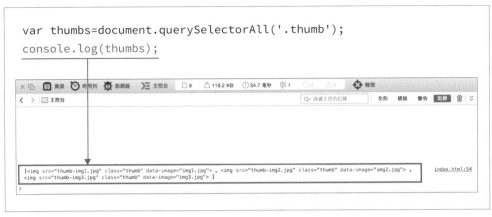

看到主控中的輸出資訊，可以看出所有符合的元素是以類似陣列的形式被取用＊。而為了在所有的元素上設定事件，這裡採用 for 迴圈的方式，下 1 行的程式中按照變數 thumbs 所儲存的項目數量，準備執行相同次數的重複動作。

＊ 更詳細地來說，使用 querySelectorAll 方法的時候，元素實際上是以名為 NodeList 的物件被取用，此 NodeList 物件雖然可以對取得的多個元素以 for 迴圈重複相同的處理動作，不過它畢竟不是陣列物件，不能使用 [3-10 節]介紹過的陣列方法來處理資料。

```
54  for(var i = 0; i < thumbs.length; i++) {
```

再來說到此 for 迴圈的內容，程式會針對變數 thumbs 所儲存的第 i 項元素，分別設定 onclick 事件。

```
55  thumbs[i].onclick = function() {
56    console.log(this.dataset.image);
57  };
```

另外，事件對應的處理程式會把<img>標籤的 image-data 屬性值輸出至主控台，此行程式包含了幾項非常重要的重點。

● this

在程式的第 56 行，console.log 方法 () 括弧內的參數以「this」當作開頭。

this 代表發生事件的元素本身, 在這裡就是發生 onclick 事件、也就是被使用者點選的 <img>元素, this 可以在事件的處理函式中使用。

● data-○○屬性與 dataset 屬性

「data-○○屬性？不是 data-image 屬性嗎？」

　　data-○○ 屬性的正式稱呼為 data-*屬性, 其中 "○○" 的部分可以由撰寫者自己自由訂定（不過不能使用全形文字）, 屬於相當相當特殊的屬性, 在此次的練習程式中, 將此○○部分設定為「image」。

▼ data-○○屬性

　　data-○○屬性的用途正如此次練習的運用方式, 可以撰寫 JavaScript 利用其屬性值, 而讀取 data-○○屬性值的做法如下所示：

語法	以 JavaScript 讀取 data-○○屬性的值
取得的元素.dataset.○○部分的名稱	

▼ 讀取被點選 <img> 標籤的 data-image 屬性值

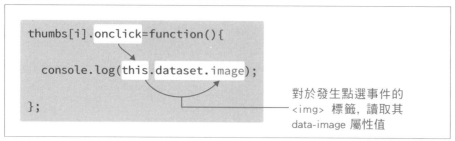

　　像這樣可以利用 data-○○屬性將資料預先埋藏在 HTML 標籤內, 然後撰寫 JavaScript 讀取或是改寫其內容值, 幾乎所有的 HTML 標籤都可以附加此屬性。

雖然此階段讀取 data-image 屬性值之後，只有輸出至主控台的動作，不過在下個  中，我們可以利用此屬性值切換上方的大型圖片。

 切換圖片

以下將試著利用 data-image 屬性的內容值，在使用者點選縮圖的時候切換大型圖片，而切換顯示圖片實際上只需要改寫 `<img>` 標籤的 src 屬性值即可，請依照下面的程式碼改寫 onclick 事件處理函式內的程式。

⬇ 5-04_image/step2/index.html `HTML`

```
52 <script>
53 var thumbs = document.querySelectorAll('.thumb');
54 for(var i = 0; i < thumbs.length; i++) {
55   thumbs[i].onclick = function() {
56     document.getElementById('bigimg').src = this.dataset.image;
57   };
58 }
59 </script>
```

在瀏覽器中確認程式的運作狀況，點選頁面下方的縮圖之後，上方的大型圖片應該會跟著切換。

▼ 點選縮圖切換上方大圖

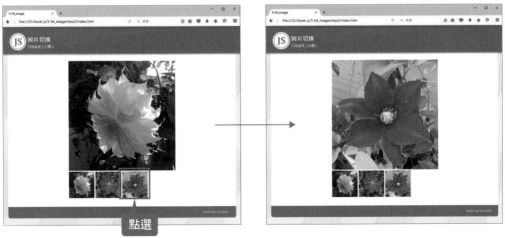

解說

 屬性的改寫方式

此階段所改寫的第 56 行程式如下所示，首先取得 id 屬性值為「bigimg」的 HTML 元素，並且準備改變此元素的 scr 屬性值：

```
document.getElementById('bigimg').src =
```

右邊則是發生 onclick 事件的<img>標籤的 data-image 屬性值，將此屬性值指派 給左邊的 scr 屬性：

```
document.getElementById('bigimg').src = this.dataset.image;
```

● **讀取、改寫 HTML 標籤的屬性值**

雖然到目前為止都沒有特別說明，不過不只是前面提到的 src 屬性，大部分 HTML 標籤的屬性都可以使用下面的語法取得或改寫其內容值。

語法 讀取 HTML 標籤的屬性值

取得的元素.屬性名稱

語法 改寫 HTML 標籤的屬性值

取得的元素.屬性名稱 = 新值;

但是，如同 5-2 節介紹過的內容，想要改寫布林值屬性的時候，需要使用 true 或 false 來添加或移除這類屬性 5-2 解說「取得沒有 id 屬性的元素以及設定布林值屬性」。

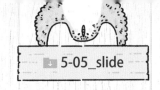
5-05_slide

5-5 幻燈片展示

本章所有功能總動員

在第 5 章的最後, 將會組合運用前面所學習到的所有知識, 製作出幻燈片展示的效果。雖然沒什麼新的功能, 不過請一邊想著處理流程以及變數的值等狀態, 一邊完成此節的程式。

▼ 本節的目標

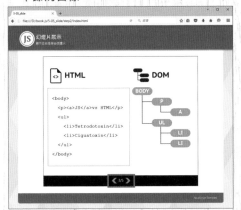 

按下代表「下頁」或「前頁」的圖示按鈕, 圖片便會依序展示在畫面上。

STEP 1 點選按鈕切換圖片

此次的幻燈片展示效果需要以下 2 項功能:

● 按了「下頁」或「前頁」按鈕之後, 會按照陣列儲存的順序切換圖片

● 以編號顯示目前是第幾張圖片

在這個 Step 中，將完成幻燈片展示的最基本功能，也就是使用者按下按鈕之後，瀏覽器會顯示下張或前張圖片。如同前面的練習流程，首先從 HTML 的部分開始撰寫，因為 2 個按鈕是以 HTML 元素的背景圖片方式顯示，所以此次也需要寫些 CSS 的設定。請複製「_template」資料夾，並且將新複製出來的資料夾命名為「5-05_slide」再開始編輯作業，所需的圖片可以從完成的範例資料夾中複製到練習資料夾。

List
<div style="text-align:right">⤓ 5-05_slide/step1/index.html　**HTML**</div>

```html
18  <section>
19    <div class="slide">
20      <div class="image_box">
21        <img id="main_image" src="images/image1.jpg">
22      </div>
23      <div class="toolbar">
24        <div class="nav">
24          <div id="prev"></div>
26          <div id="next"></div>
27        </div>
28      </div>
29    </div>
30  </section>
```

這裡簡單說明一下 HTML 部分的組成結構，被 <div class="image_box">～</div> 所圍住的 <img id="main_image"...>元素，是按下按鈕後會被換成上頁或下頁的大型圖片，請先記得此 <img> 標籤的 id 屬性值為「main_image」。

另外的 <div class="toolbar">～</div> 區塊，則是控制幻燈片展示所需的工具列，其中放置了 2 個按鈕：

- 「前頁」按鈕是 <div id="prev"></div>
- 「下頁」按鈕是 <div id="next"></div>

此外，在這個練習程式檔案中，HTML 元素需要加上 id 屬性方便程式控制，而加上 class 屬性是為了套用 CSS 的設定。如果想要確實掌握程式的運作流程，請特別注意一下附加 id 屬性的 HTML 元素。

下面是 CSS 的寫法：

```
03 <head>
   … 省略
09 <style>
10 .slide {
11   margin : 0 auto;
12   border: 1px solid black;
13   width: 720px;
14   background-color: black;
15 }
16 img {
17   max-width: 100%;
18 }
19 .toolbar {
20   overflow: hidden;
21   text-align: center;
22 }
23 .nav {
24   display: inline-block;
25 }
26 #prev {
27   float: left;
28   width: 40px;
29   height: 40px;
30   background: url(images/prev.png) no-repeat;
31 }
32 #next {
33   float: left;
34   width: 40px;
35   height: 40px;
36   background: url(images/next.png) no-repeat;
37 }
38 </style>
39 </head>
```

雖然這裡不會詳細說明 CSS 的部分, 不過請確認一下#prev 和#next 之中是否設定了背景圖片, 此即為上頁與下頁按鈕的圖片。如果想要確認自己沒有寫錯, 可以先用瀏覽器開啟 index.html 查看顯示效果。

接下來是撰寫程式的部分, 雖然長度比較長, 不過只要在腦中想著哪個元素需要設定事件、而處理函式又需要做哪些事情, 應該就可以完成此練習程式。

5-47

```
40 <body>
   … 省略
62 <footer>JavaScript Samples</footer>
63 <script>
64 var images = ['images/image1.jpg', 'images/image2.jpg', 'images/image3.jpg',
   'images/image4.jpg', 'images/image5.jpg'];
65 var current = 0;
66 var changeImage = function(num) {
67   if(current + num >= 0 && current + num < images.length) {
68     current += num;
69     document.getElementById('main_image').src = images[current];
70   }
71 };
72
73 document.getElementById('prev').onclick = function() {
74   changeImage(-1);
75 };
76 document.getElementById('next').onclick = function() {
77   changeImage(1);
78 };
79 </script>
80 </body>
```

　　請以瀏覽器確認檔案的運作狀況, 按下 [＜] 或 [＞] 按鈕後應該會切換到其它圖片。

▼ 點選 [＜] 或 [＞] 切換圖片

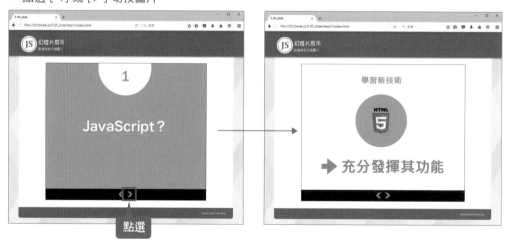

圖片路徑、設定事件、函式的處理程序

　　因為要仔細區分各處理動作間的關係相當困難,所以前面先一口氣將全部程式寫完,下面就一小段一小段地往下看吧。

　　在程式的最開頭,宣告了幻燈片展示在運作上所需的變數,先建立陣列 images,並且將所有預備展示的圖片檔案的存放路徑登記在陣列 images 中,然後宣告變數 current、把數值 0 存入其中。此變數 current 的用途是為了記錄「目前正在顯示第幾張圖片」,儲存著圖片對應的索引編號。

```
64 var images = ['images/image1.jpg', 'images/image2.jpg', 'images/image3.jpg',
   'images/image4.jpg', 'images/image5.jpg'];
65 var current = 0;
```

　　稍微往下跳幾行程式,先看到按下按鈕時的 onclick 事件部分。請回想一下按鈕的 HTML 標籤是 <div id="prev"> </div> 以及 <div id="next">< /div> 沒錯吧,而不論使用者點選了哪個按鈕,2 個按鈕的事件都會呼叫 changeImage 函式,不過按下 <div id="prev"> </div> 的時候會傳遞參數-1,而按下 <div id="next"> </div> 則是傳遞 1 的參數。

```
73 document.getElementById('prev').onclick = function() {
74   changeImage(-1);
75 };
76 document.getElementById('next').onclick = function() {
77   changeImage(1);
78 };
```

　　接下來確認一下 changeImage 函式的功用吧。首先,使用者按下按鈕的時候,程式傳遞的 1 或-1 會被存入參數 num。

您可以讀懂下 1 行 if 條件句中的條件式嗎？

```
67  if(current + num >= 0 && current + num < images.length) {
```

「當 current + num 大於或等於 0, 而且 current + num 比陣列 images 的項目
數量還小」的時候為 true, 程式會執行{…}大括號的內容, 而此條件式的結果何時
為 true 呢？請先設想網頁剛讀取完畢以及第 1 次按下按鈕前的時間點, 此時變數
current 的內容值為 0, 如果這個時候按下「下頁」圖示按鈕, num 的值將為 1, 程式
會得到如下的計算結果：

current + num = 0 + 1 = 1

因為計算結果大於 0, 所以&&左邊的條件式為 true。另外, 因為陣列 images 儲
存的項目數量為 5 個, images.length 為 5, 1 小於 5 所以右邊也為 true, 綜合上述
的結果, 整個條件式的結果為 true。

另外一方面, 如果在網頁剛讀取完畢的時候按下「前頁」圖示按鈕, 那麼 num
為-1, 將會得到如下的計算結果：。

current + num = 0 +(-1) = -1

因為&&左邊的條件式已經為 false, 所以不會執行{…}大括號內的程式（不會顯
示前頁）。

使用者逐一閱覽圖片的時候, 變數 current 為了要顯示下張圖片會每次加 1, 而當
使用者看到最後 1 張圖片, 此時變數 current 儲存著 4 的數值, 如果這個時候再按
下「下頁」按鈕, 程式會得到這樣的計算結果：。

current + num = 4 + 1 = 5

造成右邊的條件式為 false, 程式不會執行{…}大括號內的部分（不會顯示下頁）。

整理一下前面的說明, 想讓 if 條件句的條件式結果為 true, 「current + num」的
結果必須維持在 0～4 之間, 也就是不能超過陣列 images 索引編號的範圍。總而
言之, 程式只能在陣列 images 登記的所有圖片之間來回切換。

再來確認一下 if 條件句結果為 true 時的處理動作，首先將變數 current 的數值加上變數 num 的數值，然後將結果回存至變數 current，每次顯示下張圖片時 current 的數值會加 1，而顯示前張圖片的時候，因為 num 為-1 所以會減 1。

```
68 current += num;
```

再下 1 行的程式會取得<img id="main_image"...>元素，然後將該元素的 src 屬性值改成陣列 images 中第 current 項的資料，也就是下張或前張圖片檔案的儲存路徑。

```
69 document.getElementById('main_image').src = images[current];
```

step 2　顯示目前是第幾張圖片

為了讓使用者可以知道目前正在瀏覽第幾張圖片，此階段將在[＜]和[＞]按鈕之間加入圖片的編號，HTML、CSS 還有 JavaScript 程式的部分都需要增加一些內容。首先是 HTML 的部分，請記得這裡新增的<span>標籤的 id 屬性值為「page」。

📄 5-05_slide/step2/index.html　HTML

```html
48 <section>
49   <div class="slide">
   … 省略
53     <div class="toolbar">
54       <div class="nav">
55         <div id="prev"></div>
56         <span id="page"></span>
57         <div id="next"></div>
58       </div>
59     </div>
60   </div>
61 </section>
```

接下來是 CSS 的部分。

⤓ 5-05_slide/step2/index.html `HTML`

```
09 <style>
   … 省略
38 #page {
39   display: inline-block;
40   float: left;
41   margin-top: 8px;
42   height: 32px;
43   color: white;
44 }
45 </style>
```

最後是程式新增的部分，需要撰寫能將編號輸出成 <span id="page"> </span> 內容的 pageNum 函式。而此函式執行的時間點，是在整個頁面讀取完畢的時候，還有每次執行 changeImage 函式時的結尾處。

⤓ 5-05_slide/step2/index.html `HTML`

```
71 <script>
72 var images = ['images/image1.jpg', 'images/image2.jpg', 'images/image3.jpg',
   'images/image4.jpg', 'images/image5.jpg'];
73 var current = 0;
74 var pageNum = function() {
75   document.getElementById('page').textContent = (current + 1) + '/' +
   images.length;
76 }
77 var changeImage = function(num) {
78   if(current + num >= 0 && current + num < images.length) {
79     current += num;
80     document.getElementById('main_image').src = images[current];
81     pageNum();
82   }
83 };
84
85 pageNum();
86
87 document.getElementById('prev').onclick = function() {
88   changeImage(-1);
89 };
90 document.getElementById('next').onclick = function() {
91   changeImage(1);
92 };
93 </script>
```

以瀏覽器確認運作狀況，在［＜］和［＞］圖示按鈕之間，應該可以看到「圖片編號/總數量」形式的文字訊息。

▼ 在［＜］與［＞］之間顯示「目前編號/總數」

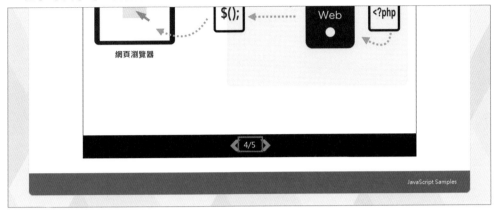

 解 說

 pageNum 函式的程式內容

來看一下此階段新增的 pageNum 函式內的處理程式。此函式並沒有使用到參數的功能，而函式{…}大括弧內的程式只有 1 行，先取得 <span id="page"> </span> 元素，然後將此元素的文字內容指定為 = 等號右邊的值。

```
document.getElementById('page').textContent =
```

而 = 等號右邊使用了字串合併的方式，先將變數 current 的值加 1。

```
document.getElementById('page').textContent = (current + 1)
```

因為變數 current 被當成陣列 images 的索引編號來使用，所以其中儲存著 0～4 的數值，不過，按照一般人的習慣來說，圖片的編號通常是使用 1～5 的數值，因此這裡特別把原本的數值加 1。

然後在目前圖片編號的後方，以字串合併方式附上 '/' 以及陣列 images 的項目總
數。

```
document.getElementById('page').textContent = (current + 1) + '/' + images.
    length;
```

預先讀入圖片

在幻燈片展示功能所使用的所有圖片中，除了 HTML 的 `<img>` 標籤所讀入
的 image1.jpg 之外，其它圖片再被切換顯示前都不會被讀入，因為使用者按
下按鈕之後，瀏覽器才會開始讀取該圖片，而下載圖片需要時間，可能會造成
畫面延遲顯示。

為了減少按下按鈕後的等待時間，有個可以預先讀入圖片的「Preload」技
巧。只要像下面的方式新增程式碼，就能預先讀入所有的圖片。

List   ↓ 5-05_slide/extra/index.html `HTML`

```
71  <script>
    … 省略
77  var changeImage = function(num) {
    … 省略
83  };
84  var preloadImage = function(path){
85    var imgTag = document.createElement('img');
86    imgTag.src = path;
87  }
88
89  for(var i = 0; i < images.length; i++) {
90    preloadImage(images[i]);
91  }
92
93  pageNum();
    … 省略
101 </script>
```

當瀏覽器讀取完 HTML 檔案的時候，程式會按照陣列 images 的項目數量，重複呼叫執行相同次數的 preloadImage 函式，而呼叫執行此函式時，會傳遞登記在陣列 images 當中的圖片儲存路徑。

preloadImage 函式{…}大括弧內的處理程式如下所示：

```
85  var imgTag = document.createElement('img');
86  imgTag.src = path;
```

當瀏覽器讀取完 HTML 檔案的時候，程式會按照陣列 images 的項目數量，重複呼叫執行相同次數的 preloadImage 函式，而呼叫執行此函式時，會傳遞登記在陣列 images 當中的圖片儲存路徑。

createElement 方法會新增名稱和 () 括弧內的參數相同的標籤，並且將標籤內容預先讀入記憶體，由於此標籤沒有插入 HTML 的任何位置，所以不會顯示在瀏覽器畫面上；然後此行指令將新增的<img>標籤指派給變數 imgTag。

下 1 行的程式，針對指派給 imgTag 的<img>標籤，將其 src 屬性值指定為登記在陣列 images 中的圖片檔案路徑。

如此一來，雖然不會顯示在瀏覽器畫面中，不過記憶體當中已經儲存著<img>標籤和圖片檔案路徑，此時圖片檔案本身還沒有真的被下載。

這時候瀏覽器會認為「還有尚未讀入的檔案，必須執行下載動作」，於是開始下載圖片檔案、存入快取（Cache）。而這些圖片檔案變成本機的快取後，按下按鈕切換圖片的時候就不需要再度執行下載的動作。

此項預先讀入的技巧，在幻燈片展示等需要使用到尺寸較大的圖片時，可說是經常會被運用的技巧，最好學習起來。

什麼是 DOM 操作？

　　本書一再提到一個觀念, JavaScript 所執行的處理動作, 大致上可分成「輸入」、「加工」和「輸出」等 3 種類型。到目前為止已經接觸過好多次這些處理動作, 而其中的「輸出」就是改寫標籤圍住的內容或屬性、增加或刪除 HTML 元素、甚至可以改變 CSS 的設定, 而這樣改寫 HTML 或 CSS 結構或資料的動作, 就被稱為「DOM 操作」 1-2 解說「「改寫」網頁的實例」, 本章後半段所介紹的 5-4 節和 5-5 節範例程式, 都是相當典型的 DOM 操控實例。

＊（DOM 是 Document Object Model 的簡稱, 程式可以透過它來改變網頁的內容）。

　　實際上公開營運的網站或網站應用程式, 不會使用 console.log 方法, 也很少利用 alert 方法讓畫面上出現警告對話。在絕大部分的狀況下, 為了將輸入的資料在加工後「可以輸出」, 通常都是改寫 HTML 或 CSS, 也就是說, 所謂的「輸出」大多依靠 DOM 操控的方式來達成。

　　下面的第 6 章為了簡化 DOM 操作的動作, 將讓您嘗試使用名為 jQuery 的函式庫。

Chapter6

jQuery 入門

在這個章節中, 將會介紹如何使用 jQuery 來撰寫程式。jQuery 是以 JavaScript 為基礎所發展出來的函式庫, 可以讓程式人員以更簡潔的 JavaScript 程式寫出更豐富的功能, 而 DOM 操控正是它所擅長的部分, 只要短短幾行程式碼就能建構出符合需求的 UI 介面。此外, 本章最後的範例還會挑戰 jQuery 的 另外 1 項特長, 那便是 Ajax 方面的應用。

6-01_menu

開闔自如的導覽選單
取得元素與新增、刪除 class 屬性

jQuery（唸做 J-Query）能從 HTML 取得想要進行操控的對象元素，然後修改該
元素的標籤、屬性、內容、甚至是 CSS 的設定。這樣的過程可以說是用 jQuery
撰寫程式的基本模式，下面就來實際體驗一下吧！

▼ 本節的目標

點選導覽選單的主要項目，
即可開啟、關閉子選單。

掌握 jQuery 的基本用法

本小節會製作出只需點選導覽選單就能開啟子選單的 UI，利用 jQuery 來完成這
樣的 UI，步驟大致如下所示：

① 首先編輯 HTML 的部分，先讓子選單以「開啟」的狀態完成編輯作業

② 編輯 CSS 的部分，這裡設定讓子選單成為「關閉」的狀態

③ 使用 jQuery 讓子選單可開可關

請從複製「_template」資料夾的動作開始，並且將新複製的資料夾命名為「6-01_menu」，首先編輯 HTML 的部分。

⎗ 6-01_menu/step1/index.html　HTML

```
18  <section>
19    <div class="sidebar">
20      <div class="submenu">
21        <h3>1. Getting Started</h3>
22        <ul class="hidden">
23          <li><a href="">- 簡介</a></li>
24          <li><a href="">- 安裝</a></li>
25          <li><a href="">- 初次操作</a></li>
26          <li><a href="">- 解除安裝</a></li>
27        </ul>
28      </div>
29      <div class="submenu">
30        <h3>2. How To Use</h3>
31        <ul class="hidden">
32          <li><a href="">- 基本操作方式</a></li>
33          <li><a href="">- 回復到最初狀態</a></li>
34          <li><a href="">- 製作外掛工具</a></li>
35        </ul>
36      </div>
37    </div>
38  </section>
```

　　接下來增加 CSS 的設定，當中的「.hidden」是用於關閉子選單的樣式，而其餘都是美化頁面用的樣式。

⎗ 6-01_menu/step1/index.html　HTML

```
03  <head>
    … 省略
09  <style>
10  .submenu h3 {
11    margin: 0 0 1em 0;
12    font-size: 16px;
13    cursor: pointer;
14    color: #5e78c1;
15  }
16  .submenu h3:hover {
17    color: #b04188;
```

6

▼ jQuery 入門

```
18    text-decoration: underline;
19  }
20  .submenu ul {
21    margin: 0 0 1em 0;
22    list-style-type: none;
23    font-size: 14px;
24  }
25  .hidden {
26    display: none;
27  }
28  </style>
29  </head>
```

完成以上的編輯動作之後，先以瀏覽器開啟 index.html 確認一下成果，因為套用了「.hidden」的 class 設定，目前 2 個 <ul>～</ul> 應該是呈現隱藏的狀態。

▼ 利用 CSS 讓子選單處於「關閉」時的狀態

接下來就要進入使用 jQuery 撰寫程式的步驟。

想使用 jQuery 之前，必須在 HTML 檔案中新增 <script> 標籤，指定讀入外部的 jQuery 程式檔案，這裡請先開啟下列網址。

URL **http://jquery.com/download**

然後將此頁面往下捲動，在網頁中間的位置應該可以找到以「Using jQuery with a CDN」為標題的段落。

其下方列出了 2 行 <script> 標籤的範例程式碼，請複製第 1 行的程式碼，貼到您正在編輯的程式之中。

▼ 複製這個部分的標籤寫法

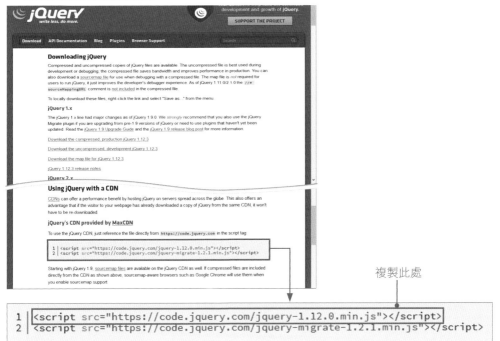

複製此處

```
1  <script src="https://code.jquery.com/jquery-1.12.0.min.js"></script>
2  <script src="https://code.jquery.com/jquery-migrate-1.2.1.min.js"></script>
```

　　程式碼當中的「1.12.0」數字代表著 jQuery 的版本, 您實作的時候可能會看到更
新的版本, 不過先不必在意此問題, 直接複製貼上即可。

⬇ 6-01_menu/step1/index.html　HTML

```
30  <body>
    … 省略
60  <footer>JavaScript Samples</footer>
61  <script src="//code.jquery.com/jquery-1.11.3.min.js"></script>
62  <script>
63  </script>
64  </body>
```

將先前複製的
內容貼到這裡

　　另外, 如果您是以本機方式開啟檔案 (也就是點 2 下電腦中的 index.html 以瀏覽
器開啟), 而非先上傳網頁伺服器再以瀏覽器連線開啟, 會因為 <script> 標籤中的網
址以「//」開頭而無法讀入 jQuery 函式庫, 所以請在前方加上「http:」, 如此便完
成了使用 jQuery 的準備工作。

⬇ 6-01_menu/step1/index.html　HTML

```
61  <script src="http://code.jquery.com/jquery-1.11.3.min.js"></script>
```

使用 jQuery 需要連接網路

看到 <script> 標籤的 src 屬性所指定的網址, 您應該可以了解到這是讀取網路上的 jQuery 檔案, 這是一般常見的做法。不過由於是讀取網路, 即使正在編輯的 index.html 是本機電腦中的檔案, 測試功能時也必須確定電腦連著網路。

前面有看到 CDN 的字眼, 此網址中的 jQuery 來源檔案, 是存放在名為 CDN（Content Delivery Network, 內容傳遞網路）的特殊伺服器系統, 此系統專門設計用來傳送網站的內容, 比一般網頁伺服器的方式更有效率、更加快速。

接下來請在 <script> ～ </script> 標籤之間寫入程式吧, jQuery 程式在撰寫格式上會看到) 或 } 連續出現, 輸入程式碼的時候務必小心。

⬇ 6-01_menu/step1/index.html `HTML`

```
62 <script>
63 $(document).ready(function(){});
64 </script>
```

之後在 { 和 } 之間換行, 寫入如下的程式碼：

⬇ 6-01_menu/step1/index.html `HTML`

```
62 <script>
63 $(document).ready(function(){
64   $('.submenu h3').on('click', function(){});
65 });
66 </script>
```

再在 { 和 } 之間換行, 然後新增 1 行程式碼即完成整個程式。

⬇ 6-01_menu/step1/index.html `HTML`

```
62 <script>
63 $(document).ready(function(){
64   $('.submenu h3').on('click', function(){
65     $(this).next().toggleClass('hidden');
66   });
67 });
68 </script>
```

最後以瀏覽器確認網頁，分別點選 2 個主選項，應該就能開啟或關閉底下的子選單了。

▼ 點選選單即可打開或關閉子選單

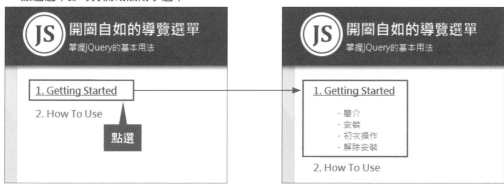

 解 說

 認識 jQuery

jQuery 的出現，是為了讓 JavaScript 程式人員能用更簡單的方式，寫出經常出現且功能類似的處理程式。jQuery 在改寫 HTML 或 CSS、設定事件之類的 DOM 操控、以及 6-3 節即將介紹的 Ajax 等方面特別擅長。

有很多 Web 網站都使用了 jQuery，可說是相當普及的技術。而開發 jQuery 函式的團隊也相當活躍且持續穩定發展，可以安心採用，不必擔心變成冷門技術，這也是其優點。

想更清楚了解 jQuery 的功能時，官方網站可以成為您的好幫手。

▶ **jQuery 的官方網站**

URL http://jquery.com

有點可惜的是目前沒有中文版的官方網站，不過，由於 jQuery 的使用者相當多，在相關的網站上可以看到很多的中文資訊，如果遇到不懂的地方，可以先試著用關鍵字在網路上搜尋一下。

 jQuery 的版本編號

　　在搜尋網站搜尋 jQuery 的相關資訊時, 雖然可以看到很多文章, 不過請留意一下文章內容所適用的 jQuery 版本。jQuery 在版本 1.8 之前和 1.9 以後的規格改變幅度相當大, 有可能會遇到舊程式無法在新版 jQuery 下運作的狀況。而本書所介紹的內容, 都是使用版本 1.9 之後、或 2.x 系列的 jQuery 程式寫法。

 jQuery 的入門知識

　　在解說此次的程式碼之前, 先來看一下使用 jQuery 所撰寫的程式具有哪些特色吧!

　　jQuery 所執行的處理動作, 大部分是改寫 HTML 或 CSS、以及在 HTML 元素上設定事件之類的「DOM 操控」, 而此 DOM 操控在 jQuery 程式中, 大多以右列的順序完成:

(1) 取得想設定事件的元素
(2) 在該元素上設定事件
(3) 執行事件發生時的處理程式

　　在這些步驟之中, (1)「取得想設定事件的元素」只要使用 $() 方法和 CSS 選擇器即可簡單達成。而 (2)「在該元素上設定事件」需要使用到 jQuery 的 on 方法。

　　(3)「執行事件發生時的處理程式」部分, 則需要按照當時想要執行的處理動作, 撰寫不同的程式內容。

● **撰寫 jQuery 程式時的思考模式**

　　這裡將以此次的範例程式當做例子, 介紹撰寫 jQuery 程式時的思考模式。

　　此次範例程式的目的, 在於使用者點選選單的主要項目時, 可以打開或閉合子選單, 如果從 HTML 元素的角度來看, 可以轉換成下面的敘述:

若按下 <h3>, 便會切換顯示或隱藏 <ul>

　　而想達成「切換顯示或隱藏」的效果, 只要修改 <ul> 所套用的 CSS 設定, 將 display 屬性設為 block 或 none 即可實現。

▼ 想要做出子選單開闔的效果，切換 CSS 的 display 屬性即可達成

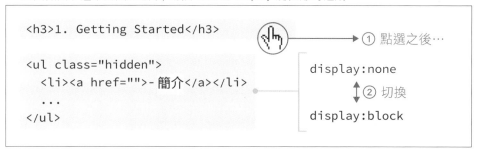

所以撰寫程式的時候，只要利用 jQuery 實作出切換 display 屬性的功能就好了。

 ### jQuery 程式的處理流程

話說回來，jQuery 到底只是 JavaScript 的輔助工具之一，實際上並沒有名為「jQuery」的程式語言，所以此次基本上還是使用 JavaScript 來撰寫程式。但是看到前面的程式碼，您可能會覺得和以往的程式語法有著很大的差異，例如「程式當中會出現 $ 符號」、「在 () 中填入函式」、還有「雙重的) 和 } 括弧」。第 1 眼看起來相當怪異，不過只要靜下心來、再度試著解讀一下程式碼，其實並沒有那麼困難，現在就從程式的第 1 行看起吧！

● 讀取完 HTML 之後開始執行程式

程式最前面的第 63 行程式碼如下所示：

```
63  $(document).ready(function(){
    … 省略
67  });
```

此段程式所代表的意義為「**當 HTML 讀取完畢之後，執行 function 後面{…}內的處理動作**」，這是 jQuery 撰寫程式時的固定格式。

● 選單被點選之後

而 HTML 讀取完畢後需要執行的處理動作，也就是 function 後面 {…} 內的程式在 <h3> 上設定了被點選時的事件。

此時，請回想一下在 CSS 當中曾經加入「.hidden」選擇器和設定規則的這件事。

▼ 「.hidden」選擇器設定的規則

```
25  .hidden {
26    display: none;
27  }
```

當 <h3> 被點選的時候, 如果其下的 <ul>～</ul> 套用了此樣式, 那麼子選單就會呈現關閉 (隱藏) 的狀態。

再來看一下第 64 行的程式碼, 這裡先取得 <div class="submenu"> 當中的 <h3>。

```
$('.submenu h3')
```

此 $() 方法, 以沒有使用 jQuery 的 JavaScript 寫法來說, 它相當於 document.querySelectorAll 方法的功能 5-4 節解說「以 querySelectorAll 方法取用多個元素」。

如果 () 括弧內的參數填入了 CSS 選擇器, 程式將會從 HTML 取得所有符合的元素。

語法 以 jQuery 取得元素的$()方法

```
$('選擇器')
```

$() 方法和 querySelectorAll 方法在「取得所有元素」的功能上雖然相同, 不過後續的資料處理方式卻有所差異。querySelectorAll 方法對於符合選擇器的所有元素, 取得之後是以類似陣列的形式儲存, 相對於此, jQuery 的 **$()** 方法則是將元素轉換成名為「jQuery 物件」的 jQuery 專屬物件。既然稱之為 jQuery "物件", 代表它也具有方法以及屬性, 也就是說, 取得的元素可以直接引用 jQuery 所提供的方法執行後續處理動作。

$('.submenu h3') 後面接續的程式指令如下所示, 這樣的程式語法會在取得的 <h3> 上設定 click 事件。

```
$('.submenu h3').on('click', function(){
```

on 語句是用來設定事件的 jQuery 方法。on 方法需要 2 個參數, 第 1 個參數用來指定「事件名稱」, 而此「事件名稱」在 onclick 事件使用 'click', 如果是onsubmit 事件則使用 'submit' 的名稱, 也就是去掉原本名稱開頭的 on 當作第 1 個參數。

另外, 第 2 個參數的位置直接填入函式, 然後在此函式後方的 {…} 大括弧內, 寫入事件發生時的處理程式。

語法 在取得的元素上設定事件

```
以$()取得的元素.on('事件名稱', function(){
    發生事件時的處理程式
})
```

這裡有件事情要請您特別注意一下。

$('.submenu h3')方法會同時取得 HTML 部分中的 2 個 <h3> 元素。而在 jQuery 的使用方式中, 當 $() 所取得的元素有 2 個以上的時候, on 方法會對全部元素都設定好事件, 所以這裡不需要撰寫 for 迴圈, 就能在 2 個 <h3> 上完成事件設定的工作。

● **關閉子選單**

再來只剩 <h3> 被點選時的處理動作, 也就是寫在 on 方法後面{…}大括弧中的程式部分。

開頭是這樣寫的：

$(this)

$()的 () 括弧中不是填入選擇器、而是 this 語句, 這和 5-4 節的範例程式所使用的 this 同樣代表了「發生事件的元素」。在此次的程式中指的是被取得的 2 個 <h3>, 不過, 如果只使用「this」會被程式當成單純的元素, 無法引用 jQuery 所提供的方法, 因此需要用 $() 圍住, 將 this 轉換成 jQuery 物件。

然後在$(this)的後面添加：

$(this).next()

以便取得發生事件元素的下個元素, next 也是 jQuery 所提供的方法, 屬於「篩選」的功能之一, 可以取得原本元素的弟元素。在這裡以被點選的 <h3> 為基準點, 就是取得後方緊接的 <ul> 元素。

▼ 以 next 方法取得發生事件的 `<h3>` 的下個元素

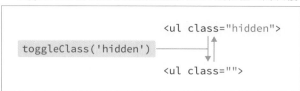

接下來, 對取得的 `<ul>` 執行 toggleClass 方法。

```
$(this).next().toggleClass('hidden');
```

toggleClass 方法可以針對取得的元素, 如果具有 () 括弧內參數所指定的 class 屬性值時, 刪除該屬性值, 沒有的時候則添加該屬性值。

▼ toggleClass 方法會在添加或刪除 class 屬性值之間反覆切換

```
                        <ul class="hidden">

toggleClass('hidden') ────────────┤↑
                                   │↓
                        <ul class="">
```

添加或刪除 class 屬性值 hidden 的動作, 讓 `<ul>` 元素套用或取消套用 CSS 部分所寫入的「.hidden」規則, 如此一來就能切換顯示或隱藏子選單。

🐛 什麼是「篩選（Traversal）」功能？

　「篩選」是 jQuery 的主要功能之一, 原文的 Traversal 代表著往來穿梭的意思, 大陸也將之翻譯成「遍歷」。透過篩選的功能, 可以針對 $() 所取得的元素, 以相對關係的方式重新取得「下個元素」、「子元素」或「父元素」等其他元素, 而使用 jQuery 撰寫程式的時候, 經常會使用到篩選的功能, jQuery 除了此小節的 next 之外, 還準備了各式各樣篩選用的方法。

6-2

6-02_box

滑開、收摺選單框
動畫功能

使用 jQuery 所提供的方法，即可呈現滑開、收摺選單框的動畫效果，而且這樣的程式撰寫起來非常簡單。

▼ 本節的目標

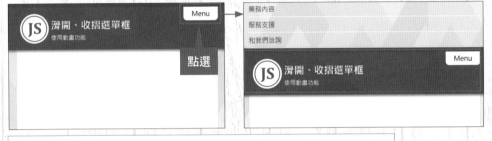

點選標題右上方的 Menu 頁籤，就能從頁面上方以動畫方式滑開選單框。

step 1 使用動畫功能

　　與前面 6-1 節的範例程式相同，首先以「選單框開啟」時的狀態，寫好 HTML 和 CSS 的部分，然後再度編輯 CSS 的內容，讓頁面呈現「選單框收摺起來」的狀態，完成上述步驟之後再開始撰寫 jQuery 程式。

　　6-1 節的範例程式，是利用增加或刪除元素 class 屬性值的方式，達成顯示或隱藏子選單的效果。不過此次是使用具有動畫功能的 jQuery 方法。

List ⓪　　　　　　　　　　　　　　　　　　　⬇ 6-02_box/step1/index.html `HTML`

```
03 <head>
04 <meta charset="UTF-8">
05 <meta name="viewport" content="width=device-width,initial-scale=1">
06 <meta http-equiv="x-ua-compatible" content="IE=edge">
07 <title>6-02_box</title>
```

```
08  <link href="../../_common/css/style.css" rel="stylesheet" type="text/css">
09  <style>
10  #box {
11    margin: 0 auto 0 auto;
12    max-width: 960px;
13  }
14  #box ul {
15    margin: 0;
16    padding: 0;
17    list-style-type: none;
18  }
19  #box li {
20    padding: 8px 0 8px 0;
21    color: #20567d;
22    border-bottom: 1px solid #ffffff;
23  }
24  .header-contents {
25    position: relative;
26  }
27  #box_btn {
28    position: absolute;
29    top: 0;
30    right: 0;
31    border-radius: 0 0 8px 8px;
32    padding: 6px 20px 6px 20px;
33    background-color: #fff;
34    cursor: pointer;
35  }
36  </style>
37  </head>
38  <body>
39  <div id="box">
40    <ul>
41      <li>首頁</li>
42      <li>公司簡介</li>
43      <li>業務內容</li>
44      <li>服務支援</li>
45      <li>和我們洽詢</li>
46    </ul>
47  </div>
48  <header>
49  <div class="header-contents">
50    <div id="box_btn">Menu</div>
```

```
51  <h1>滑開、收摺選單框</h1>
52  <h2>使用動畫功能</h2>
53  </div><!-- /.header-contents -->
54  </header>
55  <div class="main-wrapper">
56  <section>
57
58  </section>
    … 省略
69  </body>
```

先以瀏覽器確認一下目前 index.html 的頁面配置狀況，標題上方增加了選單框，而右邊多了 [Menu] 頁籤。

▼ 在標題上方添加選單與 [Menu] 頁籤

然後 CSS 的部分只需要新增 1 行設定，讓標題上方的選單框成為隱藏的狀態。

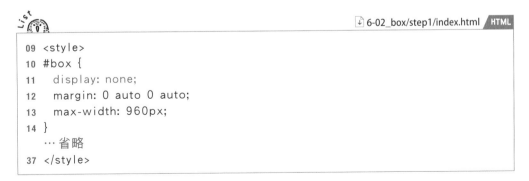

6-02_box/step1/index.html　HTML

```
09  <style>
10  #box {
11    display: none;
12    margin: 0 auto 0 auto;
13    max-width: 960px;
14  }
    … 省略
37  </style>
```

如此便可讓標題上方的選單框不會顯示在頁面之上，此時除了 [Menu] 頁籤之外，外觀看起來和一般的範例頁面沒有什麼不同。

▼ 標題上方的選單框被隱藏起來了

最後是新增程式的部分。

```
62  <script src="http://code.jquery.com/jquery-1.11.3.min.js"></script>
63  <script>
64  $(document).ready(function(){
65    $('#box_btn').on('click', function(){
66      $('#box').slideToggle();
67    });
68  });
69  </script>
70  </body>
```

6-02_box/step1/index.html　HTML

從上節介紹的 jQuery 官方網頁複製貼上，並增加「http:」

再次以瀏覽器確認檔案的功能，如果點選 [Menu] 頁籤，應該就能滑開或收摺位於標題上方的選單框。

▼ 點選 [Menu] 頁籤便會打開、收起標題上方的選單框

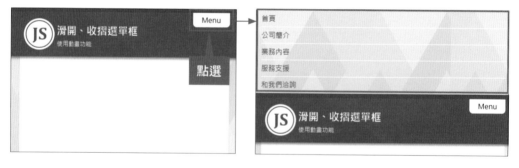

 解 說

 jQuery 的動畫功能

此次練習程式的基本構造基本上和 6-1 節的範例程式相同，下面就來簡單說明程式的運作流程吧！

首先, 等到瀏覽器將 HTML 的部分讀取完畢之後, 程式會在 [Menu] 頁籤 (<div id="box_btn">Menu</div>元素) 上設定要 click 事件, 準備執行對應的處理動作。

```
65 $('#box_btn').on('click', function(){
```

click 事件發生時, 程式預備執行的函式被寫在{…}大括弧中, 而且此次所使用的是具有動畫功能的方法。

```
66 $('#box').slideToggle();
```

slideToggle 是 jQuery 提供的方法, 如果已取得元素的選單框為隱藏狀態, 此方法會開啟選單框 ; 若為顯示狀態則會關閉它, 而且開闔的時候會有動畫滑動效果。

語法 開啟或關閉選單框

以$()取得的元素.slideToggle(速度);

改變動畫的速度

假如在 slideToggle 的 () 括弧內寫入參數, 動畫滑動的速度會發生改變。參數的部分可以填入'fast' (快速)、'slow' (慢速) 或直接以毫秒數指定動畫滑動的整體時間。請試著使用下面的寫法, 修改 slideToggle 方法 () 括弧中的參數。

```
$('#box').slideToggle('fast');     滑動速度變快
$('#box').slideToggle('slow');     滑動速度變慢
$('#box').slideToggle(1000);       以毫秒指定滑動所需時間
```

 提升網頁的易用性

延續前小節的範例程式, 此次也是在 HTML 中的某個元素上指定 display:none 規則, 讓此元素在頁面上預設為隱藏的狀態。

在這樣的頁面安排方式下, 如果來瀏覽網頁的使用者將 JavaScript 的功能關閉, 或者根本使用了不支援 JavaScript 的瀏覽器, 那麼將永遠無法看到預設隱藏的內容, 如此一來會造成瀏覽上的困擾。

想要解決這樣的問題，其實有好幾種方式可以使用，不過當中比較簡便的做法是利用 `<noscript>` 標籤。以這次的範例程式來說，可以在 `<style>`～`</style>` 下方加入下列的 HTML 標籤和樣式設定，如此一來，在沒有 JavaScript 功能的瀏覽器上，選單框會維持開啟的狀態。

⤓ 6-02_box/extra/index.html　HTML

```
38  <noscript>
39  <style>
40  #box {
41    display: block;
42  }
43  </style>
44  </noscript>
```

▼ JavaScript 無法正常運作的時候，讓選單框保持開啟狀態

寫在 `<noscript>`～`</noscript>` 之中的內容，只有在不支援 JavaScript 的環境中瀏覽此網頁時，才會產生效用。

6-3

確認剩餘空位的狀況

Ajax 與 JSON

JavaScript 可以使用被稱為 Ajax（Asynchronous JavaScript and XML，非同步 JavaScript 與 XML）的技術，讀入外部的資料檔案，然後根據資料內容改變網頁顯示的狀況或資訊。被讀入的資料通常採用被稱為 JSON（JavaScript Object Notation）的格式；而此範例程式的重點，在於使用 jQuery 讀入外部的資料檔案、以及 JSON 資料讀入後的使用方式，如果可以掌握 Ajax 和 JSON 資料的操作方式，就能寫出用途更加廣泛的 JavaScript 程式。

▼ 本節的目標

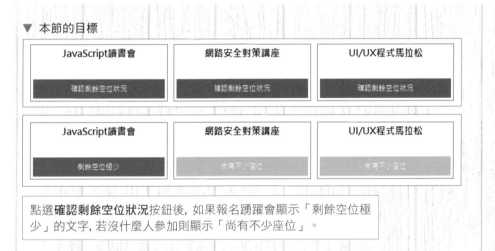

點選**確認剩餘空位狀況**按鈕後，如果報名踴躍會顯示「剩餘空位極少」的文字，若沒什麼人參加則顯示「尚有不少座位」。

Ajax 和外部資料的運用方式

此次的練習將會在 step 1 中一口氣完成整個程式，HTML、CSS 以及 JavaScript 程式都是寫在 index.html 檔案中，另外再準備 1 個名為 data.json 的資料檔案。

實作時先編輯 HTML 的部分。雖然 HTML 中的各標籤分別加上了 id 屬性或 class 屬性，不過程式主要使用的是 <li> 標籤的 id 屬性、以及當作按鈕使用的 <p> 標籤的 class 屬性「check」。編寫 HTML 部分的時候，請確實掌握這些加上 id 屬性或 class 屬性的標籤，別忘了它們被放在哪些位置。

請由複製「_template」資料夾的步驟開始，並且將新複製的資料夾命名為「6-03_ajax」，再編輯當中的 index.html 檔案。

⬇ 6-03_ajax/step1/index.html `HTML`

```html
18  <section>
19    <ul class="list">
20      <li class="seminar" id="js">
21        <h2>JavaScript 讀書會</h2>
22        <p class="check">確認剩餘空位狀況</p>
23      </li>
24      <li class="seminar" id="security">
25        <h2>網路安全對策講座</h2>
26        <p class="check">確認剩餘空位狀況</p>
27      </li>
28      <li class="seminar" id="uiux">
29        <h2>程式馬拉松</h2>
30        <p class="check">確認剩餘空位狀況</p>
31      </li>
32    </ul>
33  </section>
```

下面是 CSS 的設定，當中大部分是美化用的樣式，不過程式會使用到最後面的「.green」和「.red」選擇器，是不可或缺的部分。

⬇ 6-03_ajax/step1/index.html `HTML`

```html
03  <head>
    … 省略
09  <style>
10  .list {
11    overflow: hidden;
12    margin: 0;
13    padding: 0;
14    list-style-type: none;
15  }
16  .list h2 {
17    margin: 0 0 2em 0;
18    font-size: 16px;
19    text-align: center;
20  }
21  .seminar {
22    float: left;
23    margin: 10px 10px 10px 0;
```

```
24    border: 1px solid #23628f;
25    padding: 4px;
26    width: 25%;
27  }
28  .check {
29    margin: 0;
30    padding: 8px;
31    font-size: 12px;
32    color: #ffffff;
33    background-color: #23628f;
34    text-align: center;
35    cursor: pointer;
36  }
37  .red {
38    background-color: #e33a6d;
39  }
40  .green {
41    background-color: #7bc52e;
42  }
43  </style>
44  </head>
```

然後撰寫程式的部分，此程式大致上可分為利用 Ajax 讀入資料檔案、以及<p class="check">被點選後的顯示空位狀況等 2 個部分。

⤓ 6-03_ajax/step1/index.html `HTML`

```
45  <body>
    … 省略
70  <footer>JavaScript Samples</footer>
71  <script src="http://code.jquery.com/jquery-1.11.3.min.js"></script>
72  <script>
73  $(document).ready(function(){
74    //讀取檔案
75    $.ajax({url: 'data.json', dataType: 'json'})
76    .done(function(data){
77      $(data).each(function(){
78        if(this.crowded === 'yes') {
79          var idName = '#' + this.id;
80          $(idName).find('.check').addClass('crowded');
81        }
82      });
83    })
84    .fail(function(){
85      window.alert('讀取錯誤！');
86    });
```

```
87
88   //點擊之後顯示剩餘空位狀況
89   $('.check').on('click', function(){
90     if($(this).hasClass('crowded')) {
91       $(this).text('剩餘空位極少').addClass('red');
92     } else {
93       $(this).text('尚有不少座位').addClass('green');
94     }
95   });
96 });
97 </script>
98 </body>
```

最後需要製作儲存資料的檔案 *.JSON。可以利用文字編輯器新增 1 個檔案, 然後在當中輸入如下的資料, 完成後命名為「data.json」, 和 index.html 放在相同的資料夾內。和先前的其他檔案相同, 儲存此 JSON 檔案時, 文字編碼方式記得選擇 UTF-8 格式。

6-03_ajax/step1/data.json `HTML`

```
01 [
02   {"id":"js","crowded":"yes"},
03   {"id":"security","crowded":"no"},
04   {"id":"uiux","crowded":"no"}
05 ]
```

以瀏覽器開啟 index.html 檔案, 點選了 [確認剩餘空位狀況] 按鈕之後, 程式會按照 data.json 檔案內儲存的資料, 顯示「剩餘空位極少」或「尚有不少座位」的訊息。

▼ 按照 data.json 的內容切換顯示結果

有些瀏覽器的 Ajax 無法在單機環境運作!

　　以 Ajax 方式讀取資料檔案時, 在某些瀏覽器上, 可能會無法直接讀取本機相同資料夾下的 data.json 檔案。當發現程式無法正常運作的時候, 必須把編輯完成的 2 個檔案上傳到 Web 伺服器, 然後再測試其運作狀況。

　　像 Chrome 就是預設禁止直接讀取本機的 JSON 檔案, 在此提供另一個方法, 可以另外複製 1 個啟動程式的捷徑, 在 Chrome 的 EXE 執行檔後方增加啟動參數「--allow-file-access-from-files」即可:

【對話方塊】Chrome (allow file) - 內容

分頁: 一般　捷徑　相容性　安全性　詳細資料　以前的版本

Chrome (allow file)

目標類型: 應用程式
目標位置: Application
目標(T): ...ation\chrome.exe" --allow-file-access-from-files ← 加上此參數
開始位置(S): "C:\Program Files (x86)\Google\Chrome\Applica
快速鍵(K): 無
執行(R): 標準視窗
註解(O):

開啟檔案位置(F)　變更圖示(C)...　進階(D)...

確定　取消　套用(A)

解說

 利用 Ajax 讀取其他檔案

　　先講一般的情況：使用者點選網頁上的連結或是表單中的送出按鈕後，畫面便會顯示下個網頁（移到下個頁面），此時，瀏覽器會從網頁伺服器下載下個網頁的資料。不過，這樣的方式其實是完全替換掉整個頁面。

　　而 Ajax 技術屬於 JavaScript 的功能，是用來和網頁伺服器傳輸資料，它的傳輸方式不必換掉整個頁面內容，使用 Ajax 功能可以即時取得最新的資料，或是只更新目前顯示頁面中的某個部分。

▼ Ajax 和一般資料傳輸方式的不同之處

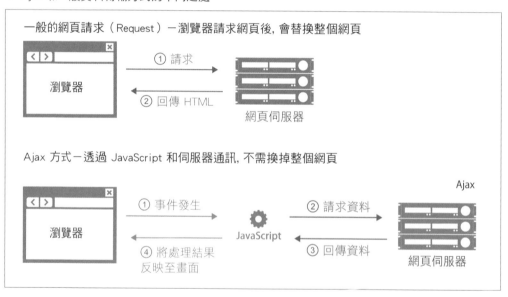

　　雖然 Ajax 屬於 JavaScript 的功能，不過比起直接以 JavaScript 來撰寫具有 Ajax 功能的程式，還不如利用 jQuery 撰寫來得簡便。前面練習時輸入過的程式碼中，以「$.ajax」開頭的部分即是利用 jQuery 所寫的 Ajax 功能，這裡先把和 Ajax 直接相關的部分抽離出來看一下吧！

```
75 $.ajax({url: 'data.json', dataType: 'json'})
76 .done(function(data){
        資料下載完成後的處理動作
83 })
84 .fail(function(){
        資料下載失敗後的處理動作
86 });
```

此即為 Ajax 的基本格式, 緊接在「$.ajax」後方 () 括弧內的參數, 是以物件的形式填入資料傳輸時所需的設定 , 也就是位於{…}大括弧之中, 以下列形式所列舉的各項設定內容。

```
$.ajax({url: 'data.json', dataType: 'json', 其他設定: '設定值', ...})
```

此次有特別指定的是「url」和「dataType」等 2 項設定。

其中的 url 用來指定想下載資料的來源網址路徑, 此次程式是從相同資料夾的「data.json」檔案下載資料。

另外, dataType 項目可以指定下載資料的格式, 因為 data.json 的內容以 JSON 格式撰寫而成, 因此 dataType 的設定值設為'json'。

按照下載資料的格式、或連線的網頁伺服器類型等狀況, 需要填入不同的設定內容, 想進一步詳細了解的讀者請參考 jQuery 官方網站的參考資料。

● jQuery.ajax 方法的參考資料

URL **http://api.jquery.com/jQuery.ajax**

資料下載成功之後的處理動作, 需要寫在下 1 行「.done」後方的函式{…}大括弧中。而此函式因為要使用參數的方式接收下載所得的資料, 所以在 () 括弧中填入參數名稱 data。

▼ 將傳遞的資料指派給參數 data

```
76 .done(function(data){
```

此外，當資料下載失敗的時候，程式會執行「.fail」後面的函式內容，此次的程式是以警告對話框告知下載失敗。

▼ 資料下載失敗時的畫面

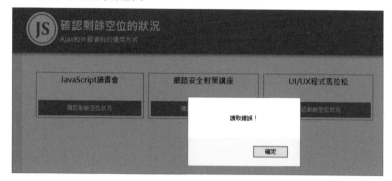

 認識 JSON 檔案的內容

下面來看一下「data.json」檔案中的資料內容吧！裡面是這樣寫的：

```
01 [
02   {"id":"js","crowded":"yes"},
03   {"id":"security","crowded":"no"},
04   {"id":"uiux","crowded":"no"}
05 ]
```

又是括弧又是雙引號，檔案當中雖然出現了許多符號，不過定神仔細一下，比較敏銳的讀者可能會立刻發覺「這個該不會是 JavaScript 陣列和物件的組合形式？」沒錯！JSON 就是引入 JavaScript 的陣列和物件（3-10~3-11 節）格式所形成的資料形式。如果可以體會這個事實，應該比較容易掌握檔案中的資料。

接下來就實際來解讀一下 data.json 檔案寫了哪些內容吧。首先，全部的內容被 […] 中括弧所圍住，由此可知此資料為陣列形式，而陣列中的各個項目分別以 {…} 大括弧圍住，即可了解到這個應該是物件。

然後，各個物件都具有「id」與「crowded」等 2 項屬性，也就是說，此資料是具有 3 個元素的陣列，而各個元素是具有 2 個屬性的物件。

另外, 需要注意 JSON 的格式與 JavaScript 的陣列和物件有 2 個不同之處。

第 1 個, 不僅是指定的值, 連「屬性名稱」也必須以雙引號圍住, 另外 1 個, 屬性名稱和值不是以單引號圍住、必須使用雙引號, 除了這 2 地方之外, JSON 完全與 JavaScript 的陣列和物件格式相同。

 ## data.json 被下載之後的處理動作

接下來看到 data.json 被下載完成後的處理動作, 也就是 done 後面函式內的程式內容, 首先, 此函式需要以參數形式接收下載所得的 data.json 資料, 請回想一下, 程式碼在接收資料的參數部分填入了「data」的名稱, 另外如同之前的說明, 儲存在 data 當中的資料內容, 是具有 3 個項目的陣列、而每個項目是具有 2 個屬性的物件。

在程式的第 77 行, each 方法會針對陣列的各個項目, 依序執行後方函式的處理動作。

```
77 $(data).each(function(){
```

$()方法不僅可以用於 HTML 元素, 也能將陣列等資料轉成 jQuery 物件, 如果 $() 中參數資料為陣列的時候, 此方法會取得陣列中的所有項目。

接下來, $() 後面接續的 each 方法, 會針對$()轉換後的 HTML 元素或陣列項目, 逐一執行其後方 () 括弧內函式的處理動作; 在此次的練習程式中, 會針對 data 當中的所有項目, 逐一執行後方函式的處理動作。

然後, each 後方函式中的 if 條件句, 會判斷當前處理的陣列項目的 crowded 屬性值是否為「yes」, 決定是否執行後方 {…} 大括弧內的處理程式。

```
78 if(this.crowded === 'yes') {
```

此條件式中的 this 代表當時正在處理的陣列項目。舉例來說, 當 each 方法執行第 1 輪迴圈的時候, 此 this 是陣列資料的第 0 號項目, 也就是{"id":"js", "crowded":"yes"}這個物件項目, 請留意一下這裡的 this 不需要用 $() 圍起來, 因為後面讀取此物件的屬性值時, 沒有使用到 jQuery 的方法, 只採用了基本的 JavaScript 語法, 所以不需要將 this 轉換成 jQuery 物件。

然後, 當此 if 條件句的條件式為 true 的時候, 也就是 crowded 屬性值為 true 的時候, 程式會執行後方 {…} 大括弧內的處理動作, 而當中的處理動作會先宣告變數 idName, 再將「#」號與 id 屬性值做字串合併存入變數 idName。

```
79 var idName = '#' + this.id;
```

舉例來說，當第 1 輪迴圈執行上述的指令時，變數 idName 當中會存入「#js」這樣的字串資料。

下 1 行程式會執行 HTML 的操控動作，以變數 idName 儲存的字串當作選擇器，取得符合的 HTML 元素。

```
80 $(idName)
```

然後在該元素的子元素中，取得具有 class 屬性值「check」的元素，再添加「crowded」的 class 屬性值。1 個 HTML 標籤中可以填入多個 class 屬性值。

```
80 $(idName).find('.check').addClass('crowded');
```

到目前為止的處理動作，假設是執行第 1 輪迴圈、this 為{"id":"js", "crowded":"yes"}的時候，HTML 會如同下圖所示發生改變。

▼ 示意圖

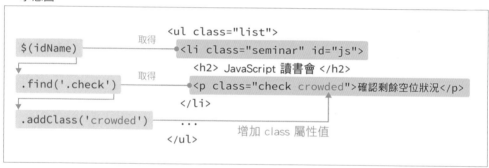

find 方法會以 $() 所取得元素下的子孫元素為尋找對象，取得所有符合 () 括弧內選擇器的子孫元素，因為這裡在 find 方法的 () 括弧內指定了'.check'的選擇器，所以會取得 <p class="check"> 元素。

 ### <p class="check">被點選後的處理動作

以 Ajax 下載讀取 data.json 檔案資料、並完成上述的處理動作後，此時空位狀況按鈕的顏色還不會發生改變，而按鈕變色的時機點在於 [確認剩餘空位狀況] 按鈕（<p class="check">確認剩餘空位狀況 </p>） 被使用者點選之後，這相當於程式第 89 行「$('.check').on('click', function(){」以下的處理部分。

請看到程式第 90 行開始的 if 條件句, 如果這個被點選的 <p> 具有「crowded」的 id 屬性值, 就會再加上「red」的 id 屬性值, 若沒有則加上「green」的 id 屬性值, 而且不論哪種狀況, 都會改寫 <p> ～ </p> 中的文字內容。

```
90 if($(this).hasClass('crowded')) {
91   $(this).text('剩餘空位極少').addClass('red');
92 } else {
93   $(this).text('尚有不少座位').addClass('green');
94 }
```

使用增加 red 或 green 屬性值的方式, 就能讓該 <p> 標籤套用 CSS 對應的設定。因此, 「剩餘空位極少」的時候按鈕會變成紅色, 而「尚有不少座位」則會變成綠色。

試著修改 data.json 的內容

請試著再次編輯 data.json 檔案內的資料, 可以改變各個項目的空位狀況, 或增加項目的數量, 如此一來, 除了比較容易理解下載後的資料與顯示中 HTML 之間的關係, 也能更加熟悉 JSON 的資料格式。

應用 Ajax 的注意事項

因為此次是練習如何運用 Ajax 的功能, 所以採用自行編輯的文字檔案當作讀取用的資料檔案, 不過在實際運作的 Web 網站上, Ajax 所讀取的資料大多來自網站伺服器以程式自動產生的資料。

以此次練習程式的類似狀況為例, 如果想掌握某些活動的實際報名參與情況, 可以在伺服器上利用 PHP 之類的程式語言, 自動產生目前報名情況的 JSON 格式資料, 如此一來, 就能將最新的資訊即時提供給瀏覽網頁的使用者, 像這樣組合使用伺服器的程式功能和 Ajax 傳輸方式, 其運用範圍會更加廣泛。

雖然 Ajax 的功能相當方便, 不過還是有需要注意的地方, 那便是以 Ajax 所進行的資料傳輸工作, 因為顧慮到安全性的問題, 原則上被限制於相同的「來源」內, 此次的練習如果把 data.json 檔案存放在其它的來源之中, 將無法順利讀取資料, 而下載讀取非同一來源資料的方式將在第 7 章中提及。

 jQuery 的方法

jQuery 除了本書介紹的內容之外，還有許多方法可供使用，以下將以本書使用的方法為中心，列舉一些經常會使用到的 jQuery 方法。

▼ 經常使用的 jQuery 方法一覽表

方法	說明
核心功能	
$('選擇器')	取得所有符合選擇器的元素
$(陣列或物件)	取得所有陣列的資料或物件的屬性
$.ajax()	以Ajax方式傳輸資料
篩選（Traversal）	
.next()	取得下個弟元素
.find('選擇器')	在子孫元素中取得所有符合選擇器的元素
操控（Manipulation, 操控HTML或CSS的功能）	
.addClass('class值')	增加class值
.removeClass('class值')	刪除class值
.toggleClass('class值')	取得的元素有class值時刪除，沒有則增加
.text('文字')	將文字設定成元素內容（改寫）
.text()	讀取文字內容
.hasClass('class值')	判斷取得的元素是否有class值
.prepend(元素)	在取得的元素下插入子元素，已經有子元素時會插到最前方
.append(元素)	在取得的元素下插入子元素，已經有子元素時會插到最後方
.attr('屬性名稱','值')	在元素中設定屬性與屬性值
.attr('屬性名稱')	讀取元素屬性的值
.remove()	刪除元素
動畫	
.slideDown(速度)	顯示取得的元素
.slideUp(速度)	隱藏取得的元素
.slideToggle(速度)	取得的元素處於顯示狀態時隱藏，隱藏時則顯示
事件	
.on('事件',function(){})	設定事件
event.preventDefault()	取消事件的基本動作

引用外部資料

　　在練習過這麼多的 JavaScript 程式功能之後，為了做個總結，此章節將挑戰運用外部的資料、撰寫出網站應用程式。例如取得其他網站的 RSS Feed，列出該網站的最新訊息，或是利用照片分享網站 Instagram 所提供的功能，製作出個人專屬的圖片庫，一覽自己曾經上傳張貼過的照片。如果可以靈活運用 Ajax 的機制、順利取得其他來源的資料，應該就能慢慢發掘出更多撰寫程式的樂趣。

7-1

顯示「最新訊息」的清單列表

RSS Feed 的取得與應用

利用 WordPress 等 CMS（Content Management System, 內容管理系統）所建構的網站、部落格、新聞以及圖書館網站, 大多有提供「RSS Feed」的服務, 用來發送該網站的最新消息。而此次練習的目的, 正是要利用 jQuery 的 Ajax 功能取得 RSS Feed。此小節將結合網站伺服器上運行的程式, 撰寫出可以從其他來源取得 RSS Feed 的程式, 如果您有自己架設的 WordPress 網站, 也可以試著取得個人網站的 RSS Feed 資料！

▼ **本節的目標**

- [課程] 人文社會學院研究生必學 4 堂課！HELP 講堂人社資源課程推薦（2016/4/9）
- 臺大圖書館「英語診療室：雲端問診」開始報名囉（2016/4/8）
- [活動] 午後電影院 - 東西德風雲（2016/4/1）
- [徵才] 臺大圖書館書目服務組 誠徵長期時薪工讀生1名（2016/3/30）
- [課程] HELP 講堂：寫論文必學 EndNote 書目管理軟體（2016/3/26）
- [公告] 總圖書館 2016年4月1日至4月5日 開館時間調整（2016/3/25）
- [公告] 醫學院圖書分館105年4月開放時間及休館公告（2016/3/25）
- [徵才] 總圖書館多媒體服務組誠徵半日/全日工讀生（臨時人員）1名（2016/3/25）
- 【活動】哲人日已遠、典型在夙夕——臨摹傳斯年（2016/3/25）
- [公告] 多媒體影音@Online系統暫停服務（2016/3/24）
- [課程] HELP 講堂：心理與教育文獻資料庫快易通（PsycINFO、JoVE、ERIC、OECD iLibrary...）（2016/3/24）
- [課程] HELP 講堂：生農領域文獻查詢（Web of Science, Scopus, AGRICOLA, CAB Abstracts...）（2016/3/24）
- 試用電子書：eBook Comprehensive Academic Collection 與 eBook University Press Collection [EBSCOhost]（2016/3/23）
- [公告] 3/31(四)多媒體服務中心閉館進行設備維護（2016/3/22）
- [課程] HELP 講堂：商管資源之蒐集與利用（ABI/INFORM、BSE、Emerald、Factiva...）（2016/3/22）
- 試用資料庫：World Bank eLibrary（2016/3/22）
- 試用資料庫：一帶一路資料庫、皮圖數據庫（2016/3/22）
- 尋找財源的小幫手：Pivot 系列課程（2016/3/21）
- [課程] 2016 上半年度 HELP 講堂資料庫講習課程（2016/3/17）
- 茶語花香現原鄉 - 奔離吧！臺大圖書館館訊第191期（2016/3/15）

> 從某網站的 RSS Feed 取得最新訊息, 然後顯示在自己的網頁上。

Step 1 取得 RSS Feed

此小節的程式除了 JavaScript 之外, 還使用到網站伺服器上運作的程式功能, 因此, 想確認執行結果前, 必須先把編輯完成的檔案上傳到網站伺服器。

請確認您的網頁空間支援 PHP 5.3 以上的版本, 然後測試時將範例檔案「7-01_rss/step1」資料夾內的 cdxml.php 和編輯完成的 index.html 一起上傳到網站伺服器

的相同資料夾內。資料夾名稱可以自行決定（由於頁面的 CSS 設定和背景圖片儲存在「_common」資料夾中，建議一併上傳_common 資料夾，並且讓伺服器上的資料夾結構和範例檔案相同）。如果您沒有支援 PHP 的網頁空間，請嘗試「**如果沒有可使用的網站伺服器**」（7-7 頁）所介紹的方式。

▼ 使用 FTP 軟體將 cdxml.php 和 index.html 上傳到網站伺服器的相同資料夾中

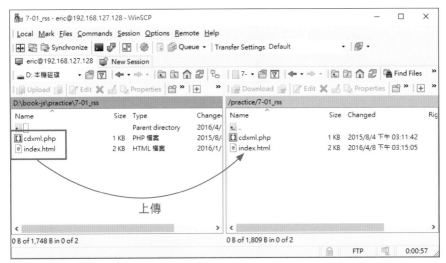

（WinSCP(Windows)）

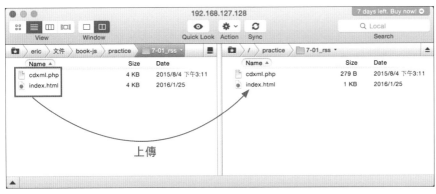

（Transmit(Mac)）

接下來，就能使用 6-3 節程式所使用過的 $.ajax 方法，取得其他來源的 RSS Feed。而這個階段為了確認 RSS Feed 是何種格式的資料，首先會將取得的資料內容全部輸出至瀏覽器的主控台中。

假如您已經有 WordPress 等工具所架設的網站，請找出該網站系統提供 RSS Feed 的網址，而 WordPress 通常可以使用下面的網址取得 RSS Feed。

▶ WordPress 的 RSS Feed 預設網址

URL http://<網域名稱>/<WordPress 的存放目錄名稱>/feed/

有些瀏覽器可能無法正確顯示 RSS Feed 資料的內容, 不過不需要擔心, 這裡只要找出網址即可, 得知網址之後, 請先複製起來備用。

另外, 自己沒有能輸出 RSS Feed 網站的讀者, 可使用國立臺灣大學圖書館所提供的最新消息 RSS 網址。

▶ 沒有個人網站的讀者請使用臺大圖書館的 RSS 網址

URL http://www.lib.ntu.edu.tw/rss/newsrss.xml

如此便完成了準備工作, 可以開始著手在 index.html 中撰寫程式, 請複製「_template」資料夾, 並且將新複製的資料夾命名為「7-01_rss」。

List ⏱

↓ 7-01_rss/step1/index.html `HTML`

```html
10 <body>
   … 省略
22 <footer>JavaScript Samples</footer>
23 <script src="//code.jquery.com/jquery-1.11.3.min.js"></script>
24 <script>
25 $(document).ready(function(){
26   var rssURL = "http://www.lib.ntu.edu.tw/rss/newsrss.xml";
27   $.ajax({
28     url: 'cdxml.php',
29     type: 'GET',
30     dataType: 'xml',
31     data: {
32       url: rssURL
33     }
34   })
35   .done(function(data){
36     console.log(data);
37   })
38   .fail(function(){
39     window.alert('資料讀取失敗。');
40   });
41 });
42 </script>
43 </body>
```

將先前提及的網址填入此處

index.html 編輯完成後, 請和 cdxml.php 一起上傳到伺服器的相同資料夾內, 然後以瀏覽器開啟伺服器上的 index.html (使用 http://<伺服器位址>/<存放資料夾>/index.html 的網址), 此時應該可以在主控台中看到含有很多「<標籤>」、有點像是 HTML 的 RSS Feed 資料。

▼ 在瀏覽器的主控台中列出 RSS Feed 的資料

* 此資料沒有排版看起來比較亂, 不過不影響其功能。

 當顯示的資料格式有點奇怪的時候

　　在不同的瀏覽器中, RSS 資料的呈現方式可能會完全不像 HTML, 這個時候可以暫時修改程式中的設定, 改成如同下方程式碼所示的樣子。確認過 RSS 資料的格式之後, 請記得把程式改回原本的樣子。

▼ RSS 資料看起來跟前圖不同時, 請暫時修改一下程式中的設定

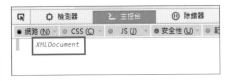

▼ 程式中暫時修改的部分

```
27    $.ajax({
28        url: 'cdxml.php',
29        type: 'GET',
30        dataType: 'text',
… 省略

34    })
```

將'xml'改成 'text'（確認 過資料格式 後請記得改 回來！）

 解說

 基本運作模式和 6-3 節範例相同

　　此次的程式也使用到了 jQuery 的 Ajax 功能, 由於基本的用法和 6-3 節的範例程式相同, 所以請參考前面的解說內容。

　　另外, 變數 rssURL 和 $.ajax 方法() 括弧內所輸入的參數, 都是伺服器程式 cdxml.php 運作時不可或缺的設定, 除了變數 rssURL 的網址之外, 請不要更動這個部分的程式碼。

▼ 請勿變更程式碼的紅字部分！

```
26    var rssURL = "http://www.lib.ntu.edu.tw/rss/newsrss.xml";
27    $.ajax({
28      url: 'cdxml.php',
29      type: 'GET',
30      dataType: 'xml',
31      data: {
32        url: rssURL
33      }
34    })
```

此網址可以變更

變數 rssURL 所指定的網址，雖然和上傳 cdxml.php 檔案的伺服器網域不同（非同一來源），不過因為借用了 PHP 程式的功能，所以能取得 RSS 資料。舉例來說，如果將 cdxml.php 上傳到「**http://www.example.com**」，而 RSS 的網址（變數 rssURL 的值）為「**http://www.lib.ntu.edu.tw/rss/newsrss.xml**」，不會有來源不同的問題。

 ## 解析 RSS 內容

取得的資料內容中，有很多以角括號（ <> ）圍住的標籤，看起來有點像是 HTML 的格式，不過標籤名稱似乎完全不同。

HTML 和 RSS 都是使用「標籤」夾住內容（文字）的資料記錄方式，HTML 可以用來轉換成瀏覽器上顯示的網頁，而 RSS 則是用於提供網站的最新消息；在下個 Step 中，將帶領各位讀者解讀 RSS Feed 的基本結構，介紹從當中取得特定資料的方法，以及運用 jQuery 的多項方法以類似 HTML 的方式取用 RSS 的資料。

● cdxml.php 的功用

6-3 節曾經提到，JavaScript 無法以 Ajax 取得其他來源的資料，不過還是「想從其他網站讀取資料」的時候，有下列的 3 種解決方式：

1. 使用名為 JSONP 的機制取得資料
2. 使用名為 CROS（Cross-Origin Resource Sharing）的機制取得資料
3. 利用網站伺服器上運作的程式取得資料

當中 1 和 2 的做法，因為必須在提供資料的網站伺服器上修改設定，如果沒有權限根本無法做到。

另外一方面，由於 3 的做法只需要在接收資料的伺服器上設置程式，使用這樣比較簡單的方式就能取得其他來源的資料。事實上，網站上運作的的程式和瀏覽器中運作的 JavaScript 不同，不會受到資料的傳送和接收必須位於同一來源的限制，而 3 的做法正是活用了這種特性的解決方式。

此次程式所使用的 cdxml.php，即是利用 3 的方式從其他來源取得資料的程式（當然也可以取得同一來源的資料），使用被稱為 PHP 的程式語言撰寫而成，而透過 cdxml.php 所取得的資料，就能運用 6-3 節所介紹的一般 Ajax 方式取用其中內容。

🐛 如果沒有可使用的網站伺服器

如果您手上沒有支援 PHP 的網頁空間可以使用，便無法透過 cdxml.php 取用其他來源的 RSS Feed 資料。不過本書提供另外 1 種方式讓您可以體驗此次程式的運作效果。

在「7-01_rss」資料夾內有個「extra」資料夾，此次的程式可以改為讀取其中的 RSS Feed 範本檔案「samplefeed.xml」，取代利用 cdxml.php 間接讀取資料的動作。實作的時候請將 samplefeed.xml 複製到 index.html 的相同資料夾中，然後將 p.270 的 JavaScript 程式碼修改成下面的樣子：

⤓ 7-01_rss/extra/index.html `HTML`

```
23  <script src="http://code.jquery.com/jquery-1.11.3.min.js"></script>
24  <script>
25  $(document).ready(function(){
26    //var rssURL = "http://www.solidpanda.com/book/feed/";
27    $.ajax({
28      url: 'samplefeed.xml',
29      type: 'GET',
30      dataType: 'xml',
31      data: {
32        //url: rssURL
33      }
34    })
    … 省略
42  </script>
```

而測試運作狀況時，直接在 index.html 檔案上快點 2 下以瀏覽器開啟即可，不過由於 Chrome 預設禁止讀取本機檔案，請換用其它的瀏覽器。

列出各則訊息的標題

此階段在取得 RSS Feed 的資料之後, 實際上只有先取用其中的 2 項資料:

- 訊息的標題
- 訊息的網址（永久連結）

然後以清單形式在 Index.html 中條列出取得的最新消息, 而每則訊息的標題會分別以 <li>～</li> 標籤圍住, 練習時請先編輯 HTML 的部分, 新增用來容納 <li> 的父元素 <ul>, 而且 <ul> 標籤中需要加上 id 屬性「latest」。

⤓ 7-01_rss/step2/index.html `HTML`

```html
18 <section>
19   <ul id="latest"></ul>
20 </section>
```

接下來撰寫 JavaScript 程式的部分, 從 RSS Feed 取得訊息標題和永久連結的資料, 串連成各則訊息的 <li> 標籤再插入 <ul id="latest"> ～ </ul> 之間, 由於這裡有很多 () 和 {} 括弧, 輸入時請多留意一下。

⤓ 7-01_rss/step2/index.html `HTML`

```javascript
24 <script>
25 $(document).ready(function(){
26   var rssURL = "http://www.lib.ntu.edu.tw/rss/newsrss.xml";
27   $.ajax({
28     url: 'cdxml.php',
29     type: 'GET',
30     dataType: 'xml',
31     data: {
32       url: rssURL
33     }
34   })
35   .done(function(data){
36     $(data).find('channel item').each(function(){
37       var itemTitle = $(this).find('title').text();
38       var permaLink = $(this).find('link').text();
```

```
39        $('#latest').append(
40          $('<li></li>').append(
41            $('<a></a>')
42            .attr('href', permaLink)
43            .text(itemTitle)
44          )
45        )
46      });
47    })
48    .fail(function(){
49      window.alert('資料讀取失敗。');
50    });
51  });
52  </script>
```

完成後重新上傳 index.html 到網站伺服器，再以瀏覽器連結網址確認執行結果，應該可以看到最新訊息的清單列表，而點選標題還能連至對應的訊息頁面。

▼ 畫面上顯示著最新訊息的清單

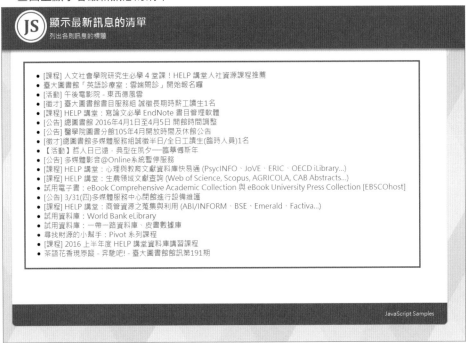

解 說

 RSS Feed 的基本結構

　　RSS Feed 的格式和內容，按照提供 RSS 的網站服務會有些微的差異。不過，主要的構成元素和基本的結構大致如下圖所示，而此次的練習程式，因為會使用到各則訊息的標題和永久連結，所以需要取得 <item> 元素內 <title> 和 <link> 的內容。

▼ RSS Feed 的基本結構

```
<?xml version="1.0" encoding="UTF-8"?>
<rss>
<channel>
    <title>網站的標題</title>
    <atom:link href="http://此 RSS Feed 的網址" />
    <link>http://網站的網址</link>
    <description>網站的說明</description>
    </item>
        <title>訊息的標題</title>
        <link>http://訊息的連結</link>
        <pubDate>訊息發佈的日期時間</pubDate>
        <dc:creator>訊息的作者></dc:creator>
        <description>訊息的說明</description>
        <content:encoded>訊息的內容</content:encoded>
    </item>
    <item>
        …
    </item>
</channel>
</rss>
```
───1 則訊息的資料

────── 按照訊息數量重複<item>～</item>的部分

 取得資料再輸出至 HTML

　　接下來，看一下此次程式是如何從 RSS Feed 取得資料再輸出至 HTML 的吧！一開始程式取得 RSS Feed 的資料之後，會繼續執行 .done 後方的函式，請回想上個小節解說過的內容，下載的全部資料會被指派改給參數 data 6-3 解說「利用 Ajax 讀取其他檔案」，而這裡將直接從 .done 後方的處理程式開始說明。

首先，對於儲存著 RSS Feed 全部資料的參數 data，程式碼中使用了 find 方法[*]，在 <channel> 元素內取得所有的 <item>〜</item>。

[*] find 方法的相關說明請參閱 6-3 解說「data.json 被下載之後的處理動作」。

```
$(data).find('channel item')
```

然後，程式會以 each 方法對所有取得的 <item> 〜 </item>，逐一反覆執行後方 function 函式內的處理動作。

```
$(data).find('channel item').each(function(){
```

反覆執行的迴圈內動作如同下方程式碼所示，因為有點複雜所以分段來看，最前面宣告了變數 itemTitle，然後取得 <item> 子元素的 <title>[*]。

[*] 此 $(this) 指的是每輪迴圈執行對象的 <item> 6-1 解說「關閉子選單」。

```
var itemTitle = $(this).find('title')
```

之後會讀取被 <title>〜</title> 標籤所包圍住的內容文字，將其內容文字存入變數 itemTitle 之中。

```
var itemTitle = $(this).find('title').text();
```

text 方法的 () 括弧內如果沒有指定任何參數，代表要讀取已取得元素的內容。

程式的下 1 行，使用相同的方式取得 <item> 子元素的 <link>〜</link>、再讀取其內容存入變數 permaLink。

```
38 var permaLink = $(this).find('link').text();
```

如此便從 RSS Feed 取得了訊息的標題和訊息的網址（永久連結），而接下來的程式需要根據這些資料，製作出 HTML 的 <li> 元素、插入 <ul> 中，程式碼先取得 <ul id="latest">，準備利用 append 方法插入子元素。

```
39 $('#latest').append(
```

append 方法會將 () 括弧內以參數方式指定的 HTML 元素, 插入至$()方法取得的元素中, 所以這裡直接把製作<li>子元素的程式碼寫在 append 方法的參數位置上。練習程式中 append 方法參數位置的程式碼如下所示:

```
39  $('#latest').append(
40    $('<li></li>').append(
```

首先新增 1 組<li>標籤, 只要在 $() 方法的參數中填入「'<標籤名稱></標籤名稱>'」的標籤語法, 就能建立出 HTML 標籤, 以普通的 JavaScript 程式語法來說, 此寫法相當於 document.createElement 方法的功能。

然後 append 方法又再度出現, 此 append 方法會將後方()括弧內的參數內容插入<li>～</li>, 所以請看一下其後方 () 括弧內的內容, 當中建立了 <a></a> 的標籤。

```
40  $('<li></li>').append(
41    $('<a></a>')
```

這裡對 <a> 標籤新增 href 屬性, 並且將屬性值設定為變數 permaLink 所儲存的內容值, 也就是訊息的網址。

```
41  $('<a></a>')
42  .attr('href', permaLink)
```

當 attr 方法的()括弧內填入 2 個參數的時候, 第 1 個參數指定要新增的「屬性名稱」, 而第 2 個則指定屬性的「值」。

語法 在取得的元素上設定「屬性名稱」與「值」

取得的元素.attr('屬性名稱', '值')

接著再看到後續的程式碼, 這裡指定了變數 itemTitle 所儲存的內容值, 也就是訊息的標題當作<a>～</a>的內容, text 方法的()括弧中填入參數的時候, 會將已取得元素的文字內容改成參數的值。

```
41  $('<a></a>')
42  .attr('href', permaLink)
43  .text(itemTitle)
```

到此為止的處理動作, 會如同下圖所示, 在 1 輪的迴圈中產生元素並插入至 HTML。

▼ HTML 會變成這樣的結構

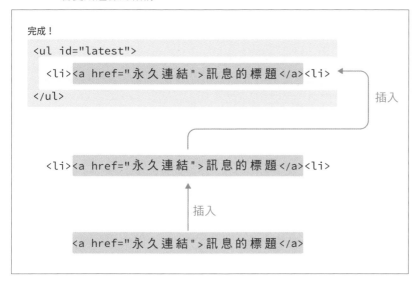

這樣的處理程式會按照 RSS Feed 的 \<item> 數量，反覆執行相同次數的 each 迴圈，直到將所有的訊息都插入至 HTML 呈現在網頁畫面上。

3 加上發佈日期

目前的程式已經能從 RSS Feed 取得各則訊息的標題和網址（永久連結），然後在瀏覽器中以清單方式呈現，而這個階段將再添加一些功能，讓使用者可以看到各則訊息的發佈日期，請開啟 index.html 進行編輯，增加當中的程式碼。

⤓ 7-01_rss/step3/index.html `HTML`

```
24 <script>
25 $(document).ready(function(){
26   var rssURL = "http://www.solidpanda.com/book/feed/";
27   $.ajax({
28     url: 'cdxml.php',
29     type: 'GET',
30     dataType: 'xml',
31     data: {
32       url: rssURL
33     }
34   })
```

```
35  .done(function(data){
36    $(data).find('channel item').each(function(){
37      var itemTitle = $(this).find('title').text();
38      var permaLink = $(this).find('link').text();
39
40      var pubText = $(this).find('pubDate').text();
41      var pubDate = new Date(pubText);
42      var dateString = ' ( ' + pubDate.getFullYear() + '/' + (pubDate.
    getMonth() + 1) + '/' + pubDate.getDate() + ' ) ';
43
44      $('#latest').append(
45        $('<li></li>').append(
46          $('<a></a>')
47          .attr('href', permaLink)
48          .text(itemTitle)
49        )
50        .append(dateString)
51      )
52    });
53  })
54  .fail(function(){
55    window.alert('資料讀取失敗。');
56  });
57 });
58 </script>
```

　　然後再次上傳 index.html 檔案至網站伺服器，以瀏覽器確認最後的畫面，各則訊息標題的右邊應該可以看到新增加的發佈日期。

▼ 在各則訊息後方加上發佈的日期

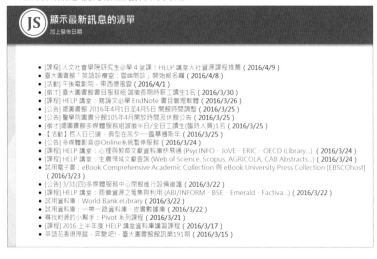

從 RSS Feed 取得發佈日期再輸出

其實 RSS Feed 原本就含有各則訊息的發佈日期, 請回頭複習一下「RSS Feed 的基本結構」（p.7-10 頁）, <item> 元素的子元素 <pubDate> 即為發佈日期。

▼ <pubDate> 的實例

<pubDate>Mon, 13 Jul 2015 03:52:39 +0000</pubDate>

這裡利用了 <pubDate> 的內容資料, 對 Data 物件執行初始化的動作, 程式碼首先將<pubDate> 的內容存入變數 pubText, 然後根據當中的日期時間資料, 初始化產生 Data 物件並指配給變數 pubDate。

```
40 var pubText = $(this).find('pubDate').text();
41 var pubDate = new Date(pubText);
```

前面 5-1 節的範例程式是使用「new Date(2020, 6, 24)」的形式, 以各自獨立的參數設定年月日, 不過, 像此次程式所使用的「Mon, 13 Jul 2015 03:52:39 GMT」日期時間字串, 同樣可以初始化 Date 物件。

有了以訊息發佈日期完成初始化的 Date 物件, 之後就能運用各種方法取得年月日年的數字, 以字串合併的方式產生發佈日期的字串*。

```
42 var dateString = ' ( ' + pubDate.getFullYear() + '/' + (pubDate.getMonth() +
   1) + '/' + pubDate.getDate() + ') ';
```

* Date 物件 的 使用 方式 與 各種 方法 的 相關 說明 請 參考 4-2 解說「Date 物件」 和
5-1「倒數計時器」。

7-2

↓ 7-02_photo

利用 Instagram API 的 相片圖庫

嘗試使用 Web API

本節將運用相片分享網站 Instagram 網站服務所提供的資料,製作出個人專屬的 圖片庫。主要學習的是 Web API 機制的運用方式。

▼ 本節的目標

取得在 Instagram 上發表過的相片, 製作出相片的一 覽圖庫。

範例照片提供:船著慎一

Note

🐛 請至下列網址確認範例程式的執行結果

範例檔案「7-02_photo」資料夾下的完成範例,因為沒有填入 Instagram 所提供的通行資訊(Access Token, 後面會解釋),因此無法正常運作。如果 想確認範例程式的執行結果,必須填入您自己的 Access Token, 或請連至下列 的網址,參考原作者所提供的展示頁面。

URL http://www.solidpanda.com/book-js/photo/

事前的準備工作

此練習將利用相片分享網站 Instagram 公開的 Web API（Application Programming Interface），取得自己發表過的相片，顯示在網頁頁面之上。

為了從 Instagram 的網站上取得資料，必須先完成註冊帳號的工作，而在實際開始動手撰寫程式前，也要先了解 Web API 基礎知識。

● 運用網站的開放資料

有些網站會開放網站的資料或服務供程式開發人員或網站使用。舉例來說，Instagram 對於使用者分享的圖片以及相關的各種資料－像是相片的標題或被按讚的次數等，都有提供特定的管道供用戶取用，其他提供類似服務的還有 Twitter 或者 Google Maps 等網站。程式開發人員取得這些公開資料就能加以運用，開發出新的 Web 網站或應用程式。

▼ 透過 Web API 取得公開資料

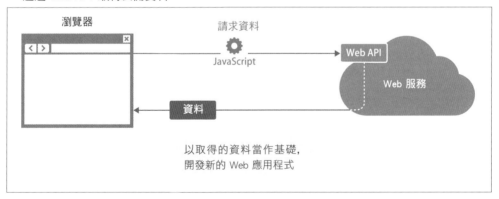

● 什麼是 API？

所謂的 API（Application Programming Interface），原本指的是單機程式提供某些功能給其他程式運用的串連介面，通常為物件、方法或屬性等形式的資源。不過以網站型態的應用程式來說，可以把它想成「能取得特定資料的專用網址」，連上網址後就可以取得需要的資料。

● 註冊 Instagram 帳號

大致了解 Web API 後, 以下就來完成一些必要的事前準備工作吧!為了可以利用 Instagram 所提供的 API 取得需要的資料, 在實際開始動手撰寫程式前, 必須先完成下列的 2 項工作:

1. 註冊使用者帳號

2. 註冊應用程式

尚未擁有 Instagram 使用者帳號的讀者, 可以利用 Android∕iOS 智慧型手機的 APP 註冊新的帳號, 請先從 Google Play 或 App Store 下載安裝 Instagram 的 APP, 然後按照畫面的提示註冊新帳號 (也可以使用 Facebook 的帳號登入 Instagram)。註冊了新的使用者帳號之後, 為了方便後面的練習程式取用, 請試著先上傳一些相片 (建議 12 張以上)。

▼ 第 1 次開啟 Instagram APP (Android 版) 的畫面

請自行註冊好帳號, 用 Email 或 Facebook 帳號註冊都可以

● 註冊應用程式

　註冊使用者帳號並上傳幾張照片之後, 接下來需要註冊我們將要製作的網站應用程式。請在電腦上開啟下列的網址, 登入您的使用者帳號, 登入後將畫面捲至最下方, 點選當中的 **API** 項目連結。

`URL` **http://instagram.com**

▼ Instagram 官方網站的首頁

　此時會顯示 Instagram API 的開發者頁面, 請點選 Getting Started 段落下方的 **Register**, 登記成為 Instagram API 的開發者。

▼ Instagram API 的頁面

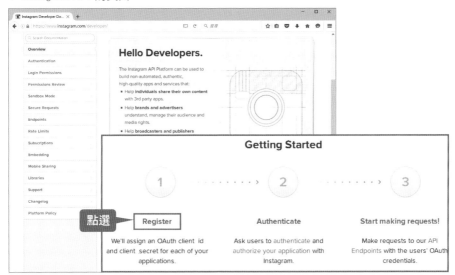

在「Developer Signup」頁面中，請填入我們網站應用程式的公開網址（可以只填入網域名稱，如果您沒有公開網址，請先填入 http://localhost）、電話號碼以及應用程式的簡單說明，勾選最後的同意使用條款再點選 Sign up 按鈕。

❶ 網站程式製作完成後的公開網址（可以只填入網域名稱，如果沒有公開網址，請填入 http://localhost）

❷ 您的電話號碼

▼ 登記成為開發者的頁面

❹ 別忘了勾選此選項，表示同意使用條款

❸ 簡單說明使用目的或成品功用

接下來會回到開發者頁面，請點選 Register Your Application 按鈕，然後點選下個頁面中的 Register a New Client 按鈕。

▼ 點選 Register Your Application 進到下個畫面

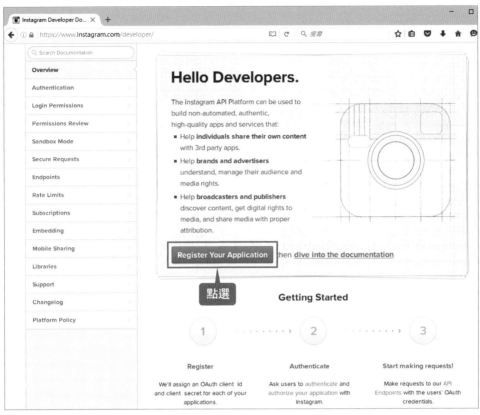

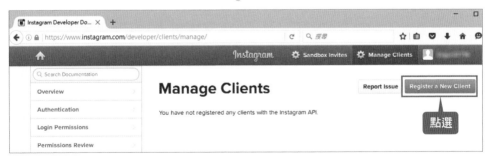

　　下個註冊新用戶端 ID 的頁面中先點至 **Details** 頁籤，在「Application Name」欄位中填入應用程式的名稱（因為不一定要公開，填寫自己知道的名稱即可），「Description」填入應用程式的說明，「Website URL」和「Redirect URIs」可以填寫和先前「Developer Signup」相同的網址，「Content email」則是您的電子郵件信箱。

▼ 填寫各項資料

① 程式名稱　② 程式說明

④ 您的電子郵件信箱　③ Developer Signup 輸入過的網址（可填入 http://localhost）

　　點選至 **Security** 頁籤，取消勾選「Disable Implicit OAuth」項目，然後輸入驗證圖片中的歪斜文字再點選 **Register** 按鈕。

▼ 輸入驗證圖片中的歪斜文字後點選 Register 按鈕

之後回到管理用戶端 ID 的頁面，如果看到「Successfully registered ＜應用程式名稱＞」的敘述表示已經註冊成功。此頁面記載著後面設定所需的重要資訊，請把當中「CLIENT ID」和「CLIENT SECRET」的數值複製到其他地方儲存起來備用，請注意這些資訊絕對不要告知無關的人員。

▼ 應用程式註冊完成的畫面

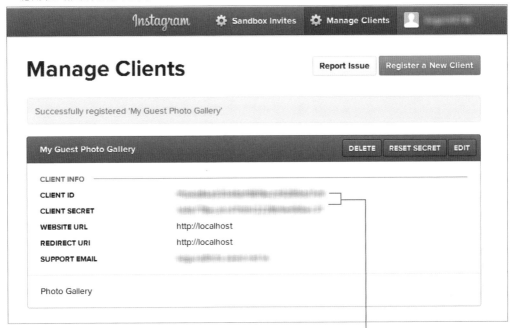

CLIENT ID 和 CLIENT SECRET 請複製到別處儲存起來（請勿告知無關的人）

● 取得 Access Token

　想要利用 Instagram 的 API，還必須取得名為「Access Token」的英數字字串，下面就來完成這個動作。請在瀏覽器的網址列中輸入下列的網址，再按下 [Enter] 鍵取得 Access Token，此網址的「CLIENT-ID」部分請換成上圖的 CLIENT ID，「REDIRECT-URI」同樣換成上圖的 REDIRECT URI（例如替換成「http://localhost」）。

URL　https://instagram.com/oauth/authorize/?client_id=CLIENT-ID&redirect_uri=REDIRECT-URI&response_type=token

　再按下 Enter 鍵開啟網址連結後，瀏覽器會顯示如下的畫面（因為使用 http://localhost 網址，所以會出現警告訊息，請不用在意），請點選右下方的 **Authorize** 按鈕。

▼ 在此畫面點選 Authorize 按鈕

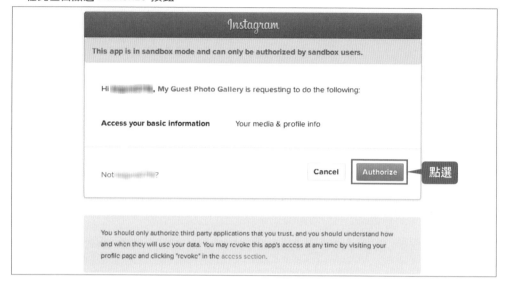

畫面會移動至重新導向的網址頁面（此為譯者自行架設的測試網站頁面）。重點在上方網址列中的網址，應該可以看到後方為「#access_token=＜英數字和點號組成的字串＞」，其中的＜英數字和點號組成的字串＞部分即是 Access Token，請將這段字串複製起來、儲存在文字檔案中備用。

請複製紅字部分的英數字（每個應用程式分配的 Token 皆不同）

localhost/#accsee_token=1356...3a

▼ 複製 Access Token

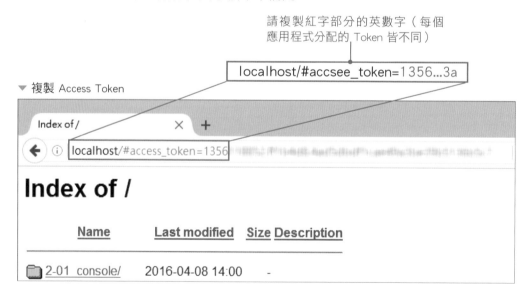

　　如此便完成了註冊使用者帳號以及註冊應用程式的步驟，並且取得所需的 Access Token 通行資訊，結束整個使用 Instagram API 的事前準備工作。下個 Step 將開始撰寫應用程式。

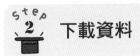

下載資料

接下來，就試著動手從 Instagram 取得自己分享過的相片資料吧！這裡會先把取得的資料輸出至瀏覽器的主控台。

請複製「_template」資料夾，並且將新複製的資料夾命名為「7-02_photo」，開始編輯檔案。因為此次程式碼的長度較長，所以將採用外部 JavaScript 檔案的方式，在「7-02_photo」資料夾中另外建立 script.js 檔案，之後的 JavaScript 程式都會寫在此檔案中，而 Index.html 需要先新增 2 個<script>標籤。

List

↓ 7-02_photo/step2/index.html `HTML`

```
10  <body>
    … 省略
22  <footer>JavaScript Samples</footer>
23  <script src="http://code.jquery.com/jquery-1.11.3.min.js"></script>
24  <script src="script.js"></script>
25  </body>
26  </html>
```

然後是製作 JavaScript 檔案的部分，請將檔案命名為「script.js」，和 Index.html 存放在相同的資料夾中，再開始撰寫程式。其中第 10 行的<ACCESS-TOKEN>部分，請替換成 step 1 所拿到的 Access Token 字串。

List

↓ 7-02_photo/step2/script.js `JavaScript`

```
01  $(document).ready(function(){
02    var dataURL = 'https://api.instagram.com/v1/users/self/media/recent';
03    var photoData;
04
05    var getData = function(url) {
06      $.ajax({
07        url: url,
08        dataType: 'jsonp',
09        data: {
10          access_token: '<ACCESS-TOKEN>',
11          count: 12
12        }
13      })
```

```
14        .done(function(data) {
15          photoData = data;
16          console.dir(photoData);
17        })
18        .fail(function() {
19          $('#gallery').text(textStatus);
20        })
21      }
22
23      getData(dataURL);
24    });
```

　　請將編輯完成的 index.html 和 script.js 檔案，上傳到之前在 Instagram 註冊 API
時所填的網址中。然後開啟瀏覽器的主控台，連上網站伺服器中的 index.html 檔
案，查看已取得物件的資料。雖然不同瀏覽器的顯示方式多少有些差異，不過點下
三角箭頭符號之後，應該可以看到類似陣列項目或物件屬性的資料＊。

＊ 如果的是 IE9 之前的版本，因為瀏覽器不支援 console.dir 方法，請將程式的第 16 行換成「console.
　 log(photoData);」

▼ 在主控台中顯示陣列項目和物件屬性

　　此次的程式不是使用 console.log、而是改為使用 console.dir 方法，console.dir
是為了讓物件的屬性能夠以階層化的形式顯示在主控台中所設計的方法，物件的資
料內容會以比較容易閱的清單外觀呈現。另外，即使您撰寫的程式完全正確，有時
候主控台還是會出現警告訊息，請不必過於在意。

解 說

 從 Instagram 取得資料

為了從 Instagram 取得相片的資料,同樣使用了 Ajax 功能。

　程式第 2 行宣告變數 dataURL 所存入的網址,是 Instagram 專門提供給外部取用資料的連接網址[*]。以 Ajax 功能連接此網址,就能取得自己分享過的相片相關資料,而且會從最新分享的相片資料開始依序取得。

[*] 可取得資料的連接網址被稱為「Endpoint」,雖然不一定要記住這個單字,不過在提供 API 的網站
　 說明文件等地方看到「Endpoint」字眼的時候,至少要能立即想到「啊!這應該是連接網址」。

```
02 var dataURL = 'https://api.instagram.com/v1/users/self/media/recent';
```

　想從此連接網址取得資料,提出要求的這一方－也就是我們所撰寫的 index.html 和 script.js 當然需要先送出一些訊息,說明自己的身分或想取得的資料。而送出的訊息內容,正是$.ajax 方法()括弧中所包含物件的 data 屬性值部分[*]。

[*] 想仔細了解 Instagram Web API 的讀者,請參考 Instagram 官方網站的開發者頁面,特別是可取得的
　 資料種類與取得方法等相關內容,均刊載於「Endpoints」頁面(僅有英文)。

　URL　https://instagram.com/developer/

▼ data 屬性所包含的部分是由本地端送出的資料

```
06 $.ajax({
07   url: url,
08   dataType: 'jsonp',
09   data: {
10   access_token: '＜ACCESS-TOKEN＞',
11   count: 12
12   }
13 })
```

　此 data 屬性之中至少必須有 access_token 屬性,而其屬性值需要填入前面取得的 Access Token。

data 屬性中還包含了另外 1 個 count 屬性，雖然 count 屬性不是必要的項目，不過其屬性值可以用來指定每次取得相片資料的數量。範例中將此屬性值設為 12，表示每次可以取得 12 張圖片的資料。

● 取得資料的內容

這裡取得的資料會儲存至.done 後面函式的參數「data」，而此參數 data 會在下 1 行將資料存入變數 photoData。

```
14   .done(function(data) {
15   photoData = data;
```

從 Instagram 下載所得的資料，是以 6-3 節解說的 JSON 格式所寫成的。但是，由於此筆資料中的資訊量相當多，初次接觸的時候很難解讀它的內容，所以下面只針對重點部分進行說明。

變數 photoData 的資料，大致上可以分成 data 屬性、meta 屬性以及 pagination 屬性等 3 個部分。

▼ photoData 資料的大致結構

```
{
data:[＜張貼圖片的相關資料＞],
meta:＜資料請求的狀況＞,
pagination:＜分頁功能所需的資料＞
}
```

● data 屬性的內容

data 屬性的內容值為陣列形式，從最新分享的相片資料開始依序記錄於其中，而每張相片的資料，都包含了同張相片各種尺寸的網址、相片標題、評論意見、以及被按讚的次數等相關資料。

▼ data 屬性的資料概況, 藍色文字是後面  會用到的屬性

```
data:[
  {
    caption:<圖片的標題>,
    link:<刊登此圖片的 Instagram 頁面網址>,
    images:{
      low_resolution:<低解析度圖片的網址與尺寸等>,
      standard_resolution:<標準解析度圖片的網址與尺寸等>,
      thumbnail:<縮圖的網址與尺寸等>
    },
    likes:{
      count:<被按讚的次數>
    }
  },
  {
    <下張相片的資料, 格式與內容同上>
  },
  …（其餘的相片）
]
```

7
▼
引用外部資料

● pagination 屬性的內容

　　當已分享的相片總數大於每次取得的數量、也就是大於 $.ajax 的 count 屬性所指定的數字時, pagination 屬性所包含的資料就能發揮功用, 這個部份將在  做介紹, 實作出分頁顯示的功能（可以看到後續其它相片的功能）。

 顯示圖片

　　此階段將運用前面取得的資料, 在網頁上顯示 12 張相片、以及每張相片的標題和按讚數, 而且每張相片都有加上連結, 點選相片即可連至 Instagram 展示該張相片的頁面。

　　為了安排頁面配置, 請先編輯 index.html 的 HTML 和 CSS 部分, 所有的相片將會呈現在 <div id="gallery"> </div> 元素中。

```
18 <section>
19   <div id="gallery"></div>
20 </section>
```

再來是 CSS 的部分。因為 HTML 部分只有預先寫入 1 個 <div> 元素容器，大多數的 HTML 元素都要靠 jQuery 逐一產生再插入其中，所以對於這些目前尚未產生的元素，還是需要先在 CCS 設定好其外觀樣式。由於這些幾乎都是裝飾性的設定，如果覺得撰寫起來過於麻煩，可以直接從完成的範例檔案複製貼上。

```
03 <head>
   … 省略
09 <style>
10 img {
11   max-width: 100%;
12 }
13 #gallery {
14   overflow: hidden;
15   box-sizing: border-box;
16   padding-left: 1px;
17 }
18 .img_block {
19   display: inline-block;
20   box-sizing: border-box;
21   padding: 2px;
22   width: 33.333333%;
23 }
24 .img_block a {
25   display: block;
26   text-align: bottom;
27   font-size: 0;
28 }
29 .caption {
30   margin: 0 0 1em 0;
31   padding: 0;
32   overflow: hidden;
33   white-space: nowrap;
34   text-overflow: ellipsis;
35   font-size: 80%;
36   color: #666;
37 }
38 </style>
39 </head>
```

響應式網站設計所需的 CSS 技巧

　　此頁面設計成在智慧型手機上也能觀看，即使瀏覽器的視窗寬度較窄，仍然可以保持原本的頁面配置狀況，不過當瀏覽器的視窗寬度較小時，將會遇到無法容納整段標題的問題，需要讓標題後段的文字簡化成省略符號（…）。利用 CSS 的設定便能輕鬆達成這樣的效果，各位讀者就把這個當成多學個小技巧吧！下面的「.caption」會套用在程式產生的 <p class="caption "> 元素。

▼ 如果加上紅色文字的 3 個屬性, 畫面寬度較小時會簡略顯示標題

```
29  .caption {
30    margin: 0 0 1em 0;
31    padding: 0;
32    overflow: hidden;
33    white-space: nowrap;
34    text-overflow: ellipsis;
35    font-size: 80%;
36    color: #666;
37  }
```

▼ 以智慧型手機開啟網頁時, 標題會以簡略方式顯示

接下來請以文字編輯器開啟 script.js 添加程式碼，由於 ^{step} ² 所寫的 console.dir 方法已經不需使用，可以用註解排除或直接刪除，下面的程式碼已經刪掉 console. dir 的部分。

```javascript
01  $(document).ready(function(){
     … 省略
14    .done(function(data) {
15     photoData = data;
16
17     $(photoData.data).each(function(){
18
19       var caption = '';
20       if(this.caption) {
21         caption = this.caption.text;
22       }
23
24       $('#gallery').append(
25         $('<div class="img_block"></div>')
26         .append(
27           $('<a></a>')
28           .attr('href', this.link)
29           .attr('target', '_blank')
30           .append(
31             $('<img>').attr('src', this.images.low_resolution.url)
32           )
33         )
34         .append(
35           $('<p class="caption"></p>').text(caption + ' ♡' + this.likes.count)
36         )
37       );
38     });
39   })
40   .fail(function() {
41     $('#gallery').text('資料讀取失敗 ♂');
42   })
43  }
44
45  getData(dataURL);
46  });
```

然後上傳完成的 index.html 和 script.js，再以瀏覽器開啟伺服器上的 index.html，畫面中應該會顯示 12 張相片和相關的標題和按讚數。另外如果點選個別的相片，還會在別的頁籤或視窗開啟 Instagram 網站上展示該張相片的頁面。

▼ 取得的相片會以格狀排列顯示

 解說

 輸出至 HTML 的片段

　程式中使用的方法等程式碼都是已經出現過好多次的寫法, 不過整體的長度較長, 為了幫助您理解, 首先來看一下此程式會輸出什麼樣的 HTML 吧*! 對於每張相片, 程式會輸出下列的 HTML 段落。

* 基本上類似 7-1 節範例程式的處理動作, 當時根據 RSS Feed 的資料產生 \<li\> 元素插入至 \<ul\>～\</ul\> 中, 而這裡同樣會輸出 HTML 元素, 若是忘了使用過的方法等用法, 或想複習一下處理的流程, 請參考 ▶ 7-1 解說「取得資料再輸出至 HTML」。

▼ 每張圖片輸出的 HTML

```
<div id="gallery">
  <div class="img_block">
    <a href="Instagram 此圖片 Instagram 頁面連結" taget="_blank"><img src="
    低解析度圖片路徑"></a>
  </div>
  <p>圖片的標題♡按讚數</p>
</div>
```

此段 HTML 的紅色文字部分，是程式根據每張照片的資料所產生，之後會新增至
`<div id="gallery">` ～ `</div>` 之中。

請回想一下變數 photoData 所儲存的資料，當中每張相片的相關資料是以類似陣
列個別項目的形式被保存在 data 屬性之內。而此次新增的程式碼，會針對此 data
屬性內陣列的各個相片項目，透過 each 方法的迴圈反覆執行後方函式內的處理程
式。

```
17  $(photoData.data).each(function(){
        … 省略
38  });
```

在函式中，首先將相片的標題存入變數 caption 中，此段程式中的 this 指的是
data 屬性內陣列的各個項目，也就是每張相片的相關資料。

```
19  var caption = '';
20  if(this.caption){
21    caption = this.caption.text;
22  }
```

if 條件式的條件句部分可以看到只有寫著「this.caption」沒錯吧！其意義為
「當 this.caption 屬性儲存著某項內容值的時候為 true，而沒有儲存任何東西時則
為 false」，相片的標題儲存在陣列各相片項目所包含的 caption 屬性中。不過，如
果分享相片的時候沒有加上標題文字，那麼 caption 屬性將不會有任何內容值，所
以這段程式的用意在於：當相片具有標題文字時，程式會將標題的文字存入變數
caption，而沒有加上標題文字的時候，則會讓變數 caption 的內容維持在宣告時的
空字串。

從第 24 行開始，程式會產生此練習目標所需的 HTML 元素。首先利用
`$('#gallery')` 取得 HTML 部分的 `<div id="gallery"> </div>` 元素，然後產生 `<div
class="img_block"></div>`元素、準備插入 `<div id="gallery">` ～ `</div>` 中。append
方法在前個小節曾經說明過，能將其()括弧內的元素插入至取得元素內容的最後位
置　7-1 解說「取得資料再輸出至 HTML」。

另外，想要讓產生的元素帶有 class 之類的屬性時，不一定要使用 jQuery 的 attr 方法，也可以寫成「<div class="img_block"></div>」的樣子，直接在標籤（的字串）中添加 class="xxx"，這同樣是程式能接受的寫法。

```
24  $('#gallery').append(
25    $('<div class="img_block"></div>')
```

接下來需要在 <div class="img_block"> </div> 中產生並插入 <a> </a> 元素，而且這裡會同時在 <a> 標籤中以 attr 方法添加 href 屬性和 target 屬性，href 屬性值指定成各相片資料的 link 屬性值，也就是 Instagram 網站展示該相片的網址。

```
25  $('<div class="img_block"></div>')
26    .append(
27      $('<a></a>')
28      .attr('href', this.link)
29      .attr('target', '_blank')
```

然後程式會更進一步在<a></a>元素中產生並插入<img>標籤，而此<img>的圖片來源 src 屬性值將指定為低解析度圖片的網址，此網址來自於各相片資料的 images.low_resolution.url 屬性值。

```
27  $('<a></a>')
    … 省略
30  .append(
31    $('<img>').attr('src', this.images.low_resolution.url)
32  )
```

程式寫到這邊，已經產生並輸出整段 <div class="img_block"> ～ </div> 的工作，再來只剩顯示相片標題文字和被按讚數的部分，這些內容將會被輸出成 <p></p> 元素的內容，程式碼的寫法如下所示。當中相片標題的文字已經在前面 19～22 行的程式被存入變數 caption，另外，被按讚數只要取得各相片資料 this.likes.count 儲存的數值即可。

```
24  $('#gallery').append(
25    $('<div class="img_block"></div>')
      … 省略
34      .append(
35        $('<p class="caption"></p>').text(caption + ' ♡' + this.likes.count)
36      )
37  );
```

step 4 增加分頁顯示功能

當分享的相片多於 12 張的時候, 程式將無法 1 次取得全部的相片資料, 為了可以讓使用者可以瀏覽其他後續的相片, 此階段將在原本頁面的最下方加上**看更多相片**的連結, 只要點選此連結即可取得後續 12 張相片的資料, 並顯示於頁面上。

首先為了增加**看更多相片**的連結, 請編輯 index.html 的 HTML 部分。

⬇ 7-02_photo/step4/index.html HTML

```
48  <section>
49    <div id="gallery"></div>
50    <div id="pagination"></div>
51  </section>
```

以下為調整外觀樣式的新增 CSS 設定。

⬇ 7-02_photo/step4/index.html HTML

```
09  <style>
    … 省略
38  #pagination {
39    margin: 40px 0 40px 0;
40    text-align: center;
41  }
42  </style>
```

然後在 script.js 檔案中添加程式碼。

```
14  .done(function(data) {
     … 省略
17    $(photoData.data).each(function(){
     … 省略
38    });
39
40    if($('#pagination').children().length === 0){
41      $('#pagination').append(
42        $('<a class="next"></a>').attr('href', '#').text('看更多相片').on('click',
    function(e){
43          e.preventDefault();
44          if(photoData.pagination.next_url) {
45            getData(photoData.pagination.next_url);
46          }
47        })
48      );
49    }
50
51    if(!photoData.pagination.next_url) {
52      $('.next').remove();
53    }
54
55  })
```

　　最後將完成的 index.html 和 script.js 上傳到伺服器，再以瀏覽器開啟 index.html
的連結網址。當已分享的相片多於 12 張時，頁面的最下方會出現**看更多相片**的連
結，而所有相片都顯示於瀏覽器畫面中的時候，此連結便會消失。

▼ 相片數量多於 12 張的時候，會出現看更多相片的連結

點選之後…　　　　　　　　顯示後續的 12 張相片

7

▼

引用外部資料

「看更多圖片」連結的處理程式

各位讀者辛苦了！已經完成了這麼長的程式碼，下面就來看一下此階段所撰寫程式的流程吧！首先，當中出現了這樣的 if 條件句。

```
40  if($('#pagination').children().length === 0){
```

children 是 jQuery 所提供的方法，此方法會針對 $() 所選取到的元素，取得其內含的所有子元素，而後面的 length 屬性則代表了取得的子元素數量。前面的 $() 所選取到的元素是「<div id="pagination"></div>」，不過當程式執行到這邊的時候，此元素之中並沒有子元素（請注意 HTML 的部分沒有在其中寫入子元素），也就是說，因為 length 屬性值為 0、讓 if 條件句的結果為 true，程式會執行後方 {…} 大括弧中的處理程式，在 <div id="pagination"> </div> 元素內建立**看更多圖片**的連結。

```
41  $('#pagination').append(
42    $('<a class="next" href="#"></a>').text('看更多圖片')
```

第 41 行的程式碼取得 <div id="pagination"> </div> 元素，然後產生並插入 <a class="next" href="#"> </a> 子元素，而且還在此程式產生的 <a> </a> 元素、也就是**看更多圖片**連結上設定被點選時的事件。

```
42  $('<a class="next" href="#"></a>').text('看更多圖片').on('click', function(e){
```

事件發生時的處理程式是這樣寫的：

```
    .on('click', function(e){
43    e.preventDefault();
44    if(photoData.pagination.next_url) {
45      getData(photoData.pagination.next_url);
46    }
47  })
```

此事件的處理程式首先必須取消掉<a>的基本動作，單純的 JavaScript 程式會寫成「return false;」，不過使用 jQuery 的寫法時，必須在函式的 () 括弧內填入參數 e，然後在後面的 {…}大括弧內寫入「e.preventDefault();」指令。

當某個事件發生的時候，發生事件的主體被稱為「事件物件」，程式可以把事件物件本身當作參數傳遞給函式內部的處理程式，而此函式的參數 e 便是想將事件物件（被點選的**看更多圖片**連結）傳遞至函式內部。

preventDefault 是事件物件專屬的方法，當發生事件的物件會執行某些基本動作的時候，可以使用此方法來取消，這裡是用來取消 <a> 移到下個頁面的動作。

> **語法** 以 jQuery 取消元素的基本動作

```
e.preventDefault();
```

再來，請看到後面 if 條件句的條件式部分。這裡的「photoData.pagination.next_url 屬性」是之前從 Instagram 所取得資料的一部分，當所有分享過的相片總數多於目前已取得相片（已經顯示於我們的網頁上的相片）的數量時，此屬性值會儲存著某個網址，讓程式可以取得後續其它相片的資料。

如果已經取得了所有的已分享相片資料，那麼從 Instagram 所取得的資料便不再會有 photoData.pagination.next_url 屬性。

此 if 條件句的條件式當 photoData.pagination.next_url 屬性存在的時候為 true，反之，不存在的時候則為 false。也就是說，程式發現有下個可以取得相片資料的網址時，便會執行後面 {…}大括弧中的處理程式，{…} 大括弧中的程式如下所示：

```
45 getData(photoData.pagination.next_url);
```

以 photoData.pagination.next_url 屬性所儲存的網址當作傳遞參數，再度呼叫執行 getData 函式，取得後續的相片資料。

如此一來，只要取得的相片資料中還有 photoData.pagination.next_url 屬性存在，使用者一旦點選**看更多圖片**連結，程式就會再次呼叫執行 getData 函式。

另外, 資料中沒有 photoData.pagination.next_url 屬性、也就是沒有更多相片的時候, 此**看更多圖片**連結會被程式刪除, remove 方法便是用來刪除 $() 取得的元素。

```
51  if(!photoData.pagination.next_url) {
52    $('.next').remove();
53  }
```

此 if 條件句的條件式前方加上了「!」驚嘆號, 此「!」後面接續的條件式為 true 的時候, 整體的結果會被逆轉為 flase, 反過來當「!」後面接續的條件式為 false 時, 整體的結果則會變成 true 。換句話說, photoData.pagination.next_url 屬性不存在的時候, 此 if 條件句的結果將為 true。

加上正在下載的圖示

為了提高此練習所製作網頁的完成度, 請試著加入「正在下載的圖示」, 讓相片的位置在讀取完畢前可以看到不斷旋轉的提示圖示, 如果使用具有動畫功能的 GIF 圖檔, 只要在 CSS 部分增加設定, 不需要撰寫程式就能達到效果。

請將範例檔案「7-02_photo」資料夾下「extra」資料夾中的「loading.gif」檔案, 上傳到伺服器 index.html 等檔案相同的資料夾中。

▼ loading.gif 是有動畫效果的 GIF 圖

loading.gif

為了可以在網頁上顯示正在下載的圖示, 請在 index.html 檔案中增加 CSS 的設定, 然後上傳到伺服器中。

```
09 <style>
   … 省略
24 .img_block a {
25   display: block;
26   text-align: bottom;
27   font-size: 0;
28   border: 1px solid #ccc;
29   min-height: 80px;
30   background-image: url(loading.gif);
31   background-repeat: no-repeat;
32   background-position: 50% 50%;
33 }
   … 省略
47 </style>
```

　　只要在顯示相片的 <img> 的父元素 <a> 上, 指定 loading.gif 當作背景圖片即可, 是不是相當簡單？

▼ 圖片下載完成前會顯示正在下載的圖示

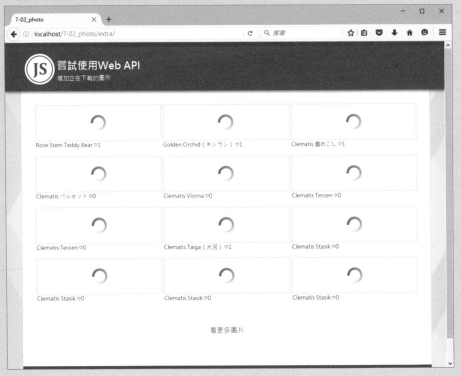

MEMO